高等职业教育计算机系列教材

U0290568

计算机网络技术基础

（第2版）

（微课版）

程书红　于兴艳　主　编

罗　勇　朱红梅　副主编

翁代云　主　审

电子工业出版社

Publishing House of Electronics Industry

北京·BEIJING

内 容 简 介

　　计算机网络技术是信息技术类各专业必备的基础知识。本书从基本的计算机网络技术概论开始，逐步地介绍了计算机网络体系结构、数据通信基础、局域网技术、网络互联、广域网技术和网络管理及网络安全等知识。全书从网络协议的底层到高层，从局域网到广域网，层层递进，环环相扣，与此同时，在每一个章节中融入相关的实践操作，力求在短时间内，帮助学生轻松掌握计算机网络技术的基础知识。

　　本书可作为高职高专院校信息技术相关专业学生的教材，也可作为各类计算机网络技术培训班的培训资料或广大计算机网络技术爱好者的自学参考书，还可作为工程技术人员的自学参考书。

图书在版编目（CIP）数据

计算机网络技术基础：微课版 / 程书红，于兴艳主编. —2 版. —北京：电子工业出版社，2023.2

ISBN 978-7-121-44854-6

Ⅰ．①计… Ⅱ．①程… ②于… Ⅲ．①计算机网络－高等学校－教材 Ⅳ．①TP393

中国国家版本馆 CIP 数据核字（2023）第 005422 号

责任编辑：徐建军　　　　特约编辑：田学清
印　　刷：北京雁林吉兆印刷有限公司
装　　订：北京雁林吉兆印刷有限公司
出版发行：电子工业出版社
　　　　　北京市海淀区万寿路 173 信箱　　　邮编：100036
开　　本：787×1 092　1/16　　印张：13.5　　字数：362.9 千字
版　　次：2015 年 9 月第 1 版
　　　　　2023 年 2 月第 2 版
印　　次：2023 年 2 月第 1 次印刷
印　　数：1200 册　　　定价：42.00 元

凡所购买电子工业出版社图书有缺损问题，请向购买书店调换。若书店售缺，请与本社发行部联系，联系及邮购电话：（010）88254888，88258888。

质量投诉请发邮件至 zlts@phei.com.cn，盗版侵权举报请发邮件至 dbqq@phei.com.cn。

本书咨询联系方式：（010）88254570，xujj@phei.com.cn。

前言

当今世界是一个以网络为核心的信息时代，随着信息技术和信息产业的发展，社会需要大量掌握计算机网络技术的人才。掌握计算机网络技术已成为一个合格的 IT 从业人员的必备技能，因此计算机网络技术已成为各高职高专院校信息技术相关专业的一门专业基础课程。

本书面向高职高专信息技术类相关专业学生，以培养技术应用型人才为目标。考虑到计算机网络技术具有涉及面广、概念多、知识体系跨度大、理论性和实践性都较强的综合性技术特点，本书主要对计算机网络技术概论、计算机网络体系结构、数据通信基础、局域网技术、网络互联、广域网技术和网络管理及网络安全等进行了必要的介绍。本书内容安排符合当前网络技术的实际需要，知识点分布合理，难易适度，注重基础知识与技能培养。本书建议教学安排48～64课时，教师可根据教学目标、学生基础和实际教学课时等情况对课时进行适当增减。具体的课时分配建议如下。

章	内　　容	课时/个
第 1 章	计算机网络技术概论	10
第 2 章	计算机网络体系结构	12
第 3 章	数据通信基础	10
第 4 章	局域网技术	12
第 5 章	网络互联	8
第 6 章	广域网技术	6
第 7 章	网络管理及网络安全	6
合计课时/个		64

本书由重庆城市管理职业学院的骨干教师和浙江华为通信技术有限公司的技术人员联合组织编写。本书由程书红、于兴艳担任主编，由罗勇、朱红梅担任副主编；第1、2章由程书红编写，第3、4章由朱红梅、翁代云编写，第5、6章由于兴艳编写，第7章由罗勇编写。在编写过程中，浙江华为通信技术有限公司的工程师段发明提供了案例并给予了指导。全书由翁代云审稿，程书红和于兴艳统稿。

本书在编写过程中得到了重庆城市管理职业学院大数据与信息产业学院院长翁代云和党总支书记董勇的指导和大力支持，同时查阅了许多参考资料，并得到了各方面的大力支持，在此一并表示感谢。

为了方便教师教学，本书配有电子教学课件及相关资源，请有此需求的教师登录华信教育资源网（http://www.hxedu.com.cn）进行注册后免费下载，如有问题可在网站留言板留言或与电子工业出版社联系（E-mail：hxedu@phei.com.cn）。

由于时间仓促，编者的学识和水平有限，疏漏和不当之处在所难免，敬请读者不吝指正。

编　者

目录

第1章

计算机网络技术概论

学习导入

万物互联时代，我们每个人的日常生活已经与计算机网络密不可分，尤其是在"宽带中国""互联网+"等背景下，大数据、云计算、人工智能、数字经济、电子政务、新型智慧城市、数字乡村等给我们带来了极大的生活便利，请思考一下，究竟什么是计算机网络？它的功能是什么？这一切是怎么实现的呢？

思维导图

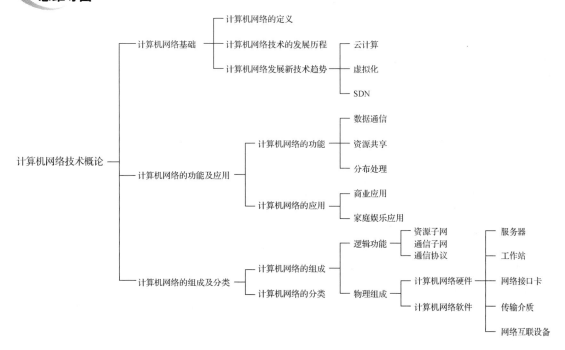

- 认识什么是计算机网络。
- 了解计算机网络技术的发展历程。
- 了解计算机网络技术的发展趋势。
- 认知计算机网络的功能和应用。
- 认知计算机网络的组成。
- 初步掌握双绞线的制作。
- 了解计算机网络的分类。
- 初步掌握网络拓扑图的绘制。

相关知识

1.1 计算机网络基础

当今，在信息高速发展的时代，人们的生活、工作已离不开计算机，而且很少在单机环境下使用计算机，人们总是把多台计算机连接起来，组成一个计算机网络，从而共享资源。同时，计算机网络在当今信息时代对信息的收集、传输、存储和处理起着非常重要的作用。新一代的计算机已将网络接口集成到主板上，网络功能已嵌入操作系统，智能大楼的兴建已经和计算机网络布线同时、同地、同方案施工。

1.1.1 计算机网络的定义

计算机网络是将地理位置不同的具有独立功能的多台计算机及其外部设备，通过通信线路连接起来，在网络操作系统、网络管理软件及网络通信协议的管理和协调下，实现资源共享和信息传输的计算机系统。

1.1.2 计算机网络技术的发展历程

计算机网络技术源于计算机技术与通信技术的结合，开始于 20 世纪 50 年代。计算机网络技术的发展过程是从简单到复杂、从单机到多机、从终端与计算机通信到计算机与计算机直接通信的过程。计算机网络技术的发展过程大致可以分为以下 4 个阶段。

第一阶段：诞生阶段（计算机终端网络）。

20 世纪 60 年代中期之前的第一代计算机网络是以单台计算机为中心的远程联机系统，单计算机联机系统如图 1-1 所示。典型应用是由一台计算机和全美范围内 2000 多个终端组成的飞机订票系统，其终端是一台计算机的外部设备［包括显示器和键盘，无 CPU（Central Processing Unit）和内存］。随着远程终端的增多，主机既要承担数据处理工作，又要承担通信工作，因此负荷较重，效率降低。另外，每一个分散的终端都要单独占用一条通信线路，线路利用率低。因此，为了提高通信线路的利用率并减轻主机的负荷，使用了多点通信线路、集中器及通信控制器。

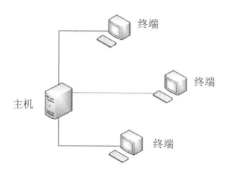

图 1-1　单计算机联机系统

多点通信线路是指在一条通信线路中，一台主机串联多个终端，分时共享，从而提高通信线路的利用率，如图 1-2 所示。

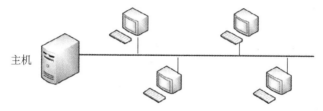

图 1-2　多点通信线路

使用集中器和通信控制器的系统如图 1-3 所示，集中器负责从终端到主机的数据集中及从主机到终端的数据分发，可以放置在终端相对集中的位置。通信控制器也称为前端处理机，负责数据的收发等通信控制和处理工作，让主机专门进行数据处理，以提高数据处理的效率。在这个时期，人们把计算机网络定义为"以传输信息为目的而连接起来，实现远程信息处理或进一步达到资源共享的系统"，这样的通信系统已具备了网络的雏形。

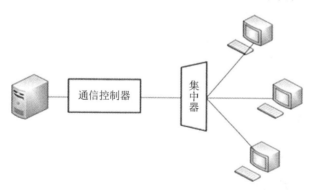

图 1-3　使用集中器和通信控制器的系统

第二阶段：形成阶段（计算机通信网络）。

20 世纪 60 年代中期至 20 世纪 70 年代的第二代计算机网络是指多台主机通过通信线路互联起来，为用户提供服务的系统，兴起于 20 世纪 60 年代后期，多主机网络系统如图 1-4 所示。典型代表是美国国防部高级研究计划局协助开发的 ARPANet（Advanced Research Project Agency Network）。主机之间不是直接用线路相连的，而是由接口报文处理机（Interface Message Processor，IMP）转接后相连的，接口报文处理机如图 1-5 所示。IMP 和它们之间互联的通信线路一起负责主机间的通信任务，构成了通信子网。通信子网互联的主机负责运行程序，提供资源共享功能，组成了资源子网。在这个时期，网络被定义为"以能够相互共享资源为目的互联起来的具有独立功能的计算机之集合体"，形成了计算机网络的基本概念。

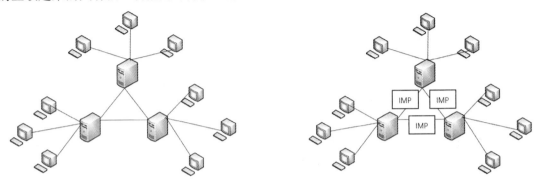

图 1-4　多主机网络系统　　　　　　　　　　图 1-5　接口报文处理机

第三阶段：互联互通阶段（开放式的标准化计算机网络）。

20 世纪 70 年代末至 20 世纪 90 年代的第三代计算机网络是具有统一的网络体系结构并遵循国际标准的开放式和标准化的网络。ARPANet 兴起后，计算机网络发展迅猛，各大计算机公司相继推出自己的网络体系结构及实现这些结构的软硬件产品。由于没有统一的标准，不同厂商的产品之间互联很困难，人们迫切需要一种开放式的标准化实用网络环境，这催生了两种国际通用的重要的体系结构，即 TCP/IP（Transmission Control Protocol/Internet Protocol，传输控制协议/网际协议）体系结构和国际标准化组织的 OSI（Open System Interconnection，开放系统互联）体系结构。

第四阶段：高速网络技术阶段（新一代计算机网络）。

20 世纪 90 年代末至今是第四代计算机网络的时代，由于局域网技术发展成熟，出现光纤及高速网络技术、多媒体网络和智能网络，整个网络就像一个对用户透明的大的计算机系统，发展为以 Internet 为代表的互联网。

计算机网络的发展将综合无线技术与固定线路技术，并且能同时传输数据、语音和视频等信息。与这种网络相连的产品将包括 PC、电话、电视及移动 PC 等，光纤和无线传输介质成为主导，传统电信网、计算机互联网和有线电视网相互渗透融合成为一体（三网合一）。三网合一的目的是实现网络资源的共享，形成适应性广、容易维护、费用低的高速带宽的多媒体基础平台。

1.1.3　计算机网络发展趋势

未来计算机网络比较明显的发展趋势是宽带业务和各种移动终端的普及。计算机网络的发展是非常快的，新技术和新应用在世界的每一个角落的出现，使得计算机网络技术朝着速度超快、体型超小、处理超快、智能超好的方向发展。

从传统互联网到移动互联网，互联网技术在飞速地发展，而未来互联网的发展趋势和走向是"云大物智移"，即云计算、大数据、物联网、人工智能和移动互联网。具体来说，"智能"包括物联网和大数据挖掘支撑的人工智能，可以丰富用户体验；移动互联网和物联网的结合使大数据的产生与收集成为可能。"云大物智移"彼此间相互关联，移动互联网和物联网的应用需要云计算支撑；大数据的深入分析和挖掘反过来助推移动互联网和物联网的发展，使软硬件更加智能。云计算和大数据等信息技术交融渗透，不仅改变着人们的生活，还有望掀起新一轮产业变革。目前计算机网络比较热门的关键技术有云计算、虚拟化和 SDN 等。

1. 云计算

"云"实质上就是一个网络，从狭义上讲，云计算网络就是一种提供资源的网络，使用者可以随时获取"云"上的资源，按需求量使用，并且"云"可以看作是无限扩展的，只要按使用量付费就可以。"云"就像自来水厂一样，可以随时接水，并且不限量，按照自己家的用水量，付费给自来水厂就可以。从广义上讲，云计算是与信息技术、软件、互联网相关的一种服务，这种计算资源共享池称为"云"，云计算把许多计算资源集合起来，通过软件实现自动化管理，只需要很少的人参与，就能让资源被快速提供。也就是说，计算能力作为一种商品，可以在互联网上流通，就像水、电、煤气一样，可以方便地取用，并且价格较为低廉。

云计算其实不是一种新的网络技术，而是一种新的网络应用概念，云计算的核心概念就是以互联网为中心，在网站上提供快速且安全的云计算服务与数据存储服务，让每一个使用互联网的人都可以使用网络上庞大的计算资源与数据中心。

云计算是继互联网、计算机后在信息时代的一种革新，是信息时代的一个大飞跃，未来的时代是云计算的时代。云计算具有很强的扩展性和需要性，可以为用户提供一种全新的体验。云计算的核心是可以将很多的计算资源协调在一起，因此用户通过网络就可以获取无限的资源，同时获取的资源不受时间和空间的限制。

2. 虚拟化

目前，云计算大多依赖虚拟化，通过把多台服务器实体虚拟化后，构成一个资源池，实现共同计算，共享资源。虚拟化作为一种技术，可以帮助云计算实现资源分配更加灵活、资源利用率更高。因此，简单来说，虚拟化是云计算的基础。在云计算的应用中，大多数的虚拟化就是在一台物理服务器上运行多台"虚拟服务器"（也叫虚拟机，Virtual Machine，VM）。每台虚拟机可运行不同的操作系统，并且应用程序都可以在相互独立的空间内运行而互不影响。从表面来看，这些虚拟机都是独立的服务器，但实际上，它们共享物理服务器的 CPU、内存、硬件、网卡等资源。

虚拟化使用软件的方法重新定义划分 IT 资源，可以实现 IT 资源的动态分配、灵活调度、跨域共享，提高 IT 资源利用率，使 IT 资源真正成为社会基础设施，服务于各行各业中灵活多变的应用需求。计算机科学中的虚拟化包括平台虚拟化、应用程序虚拟化、存储虚拟化、网络虚拟化、设备虚拟化等。

3. SDN

SND（Software Defined Network）即软件定义网络，是一种新兴的、控制与转发分离的、并可直接编程的网络架构。其核心理念是希望应用软件可以参与对网络的控制管理，满足上层业务需求，通过自动化业务部署简化网络运维。通俗地讲，就是将"传统软硬件网络"软件化、抽象化了。简单来说，就是将现在复杂的传统网络设备全部对上层应用不可见。上层管理层只需要像配置软件程序一样，对网络进行简单的部署，就能够让网络实现所需要的功能，不再需要和以前一样，一个个去配置网络上所有节点的网络设备。

"云大物智移"的时代已经到来，传统的网络架构已经无法满足人类的需求，设备繁杂、配置麻烦、迭代缓慢，各种问题层出不穷。下一代网络需要可编程按需定制、集中式统一管理、动态流量监管、自动化部署等，这就是 SDN 的出发点。在 SDN 时代，对网络部署的方式需要从"作坊式"的手工代码配置，慢慢变成采用脚本语言/编程语言等方式对网络进行"编程式"部署，更快更好地响应业务需求。

SDN 虽然看上去很强大，但仍然处于发展期，很多技术细节还不够成熟。不过，SDN 所代表的开放网络架构是未来网络的趋势。产业链在融合、IT 技术在融合、软件和硬件在融合，变则通，不变则亡。

1.2 计算机网络的功能及应用

1.2.1 计算机网络的功能

计算机网络有很多用处，其中最重要的三个功能是数据通信、资源共享和分布处理。

1. 数据通信

数据通信是计算机网络最基本的功能，可以用来快速传输计算机与终端、计算机与计算机之间的各种信息，包括文字信件、新闻消息、咨询信息、图片资料、报纸版面等。利用这一特点，可实现将分散在各个地区的单位或部门用计算机网络联系起来，进行统一的调配、控制和管理。典型的例子就是通过 Internet 收发电子邮件，可以很方便地实现异地交流。

2. 资源共享

"资源"指的是网络中所有的软件、硬件和数据资源。"共享"指的是网络中的用户都能够部分或全部地享受这些资源。例如，某些地区或单位的数据库（如飞机机票、饭店客房等）可供全网使用；某些单位设计的软件可供需要的地方有偿调用或办理一定手续后调用；一些外部设备（如打印机）可面向用户，使不具有这些设备的地方能使用这些硬件设备。如果不能实现资源共享，那么各地区都需要有完整的一套软、硬件及数据资源，这样将大大地增加全系统的投资费用。

1）硬件共享

网络硬件资源主要包括大型主机、大容量磁盘、打印机、网络通信设备、通信线路和服务器等。用户可以使用网络中任意一台计算机所附接的硬件设备，包括利用其他计算机的 CPU 来分担用户的处理任务。例如，网络中的用户共享打印机、共享硬盘空间等。

2）软件共享

用户可以使用远程主机的软件（系统软件和用户软件）将相应软件调入本地计算机执行，也可以将数据送至远方主机，运行软件，并返回结果。例如，网络版本软件的使用、在线翻译等。

3）数据共享

网络数据资源主要包括数据文件、数据库和光磁盘保存的各种数据（文字、图表、图像和视频等）。计算机网络给各地的用户提供了强有力的通信手段，可以通过网络进行电子数据交换，极大地方便了用户，提高了工作效率。例如，VOD（视频点播）、在线阅读等。

3. 分布处理

当某台计算机负载过重时，或者该计算机正在处理某项工作时，网络可将新任务转交给空闲的计算机来完成，这样处理能均衡各计算机的负载，提高处理问题的实时性；对大型综合性问题，可将问题各部分交给不同的计算机分头处理，充分利用网络资源，提高计算机的处理能力，即增强实用性；对解决复杂问题来讲，多台计算机联合使用并构成高性能的计算机体系，这种协同工作、并行处理要比单独购置高性能的大型计算机便宜得多。

1.2.2　计算机网络的应用

随着信息社会的蓬勃发展和计算机网络技术的不断更新，计算机网络广泛应用于政府电子政务、军队专网、企事业单位和大、中、小学校，以及家庭、居住小区等，为人们的工作、学习和生活提供了更大的空间。

1. 商业应用

1）企业信息网络

企业信息网络是指专门用于企业内部信息管理的计算机网络，一般为一个企业所专用，覆盖企业的各个部门，在整个企业范围内提供硬件、软件和信息资源的共享。企业信息网络既可以是局域网，又可以是广域网；既可以在近距离范围内自行铺设网络线路，又可以在远程区域内利用公共通信传输媒介。

在企业信息网络中，业务职能的信息管理功能是由作为网络工作站的计算机提供的，该计算机进行日常业务数据的采集和处理；而网络的控制中心和数据共享与管理中心由网络服务器或一台功能较强的中心主机实现。对于分布于广泛区域的分公司、办事处等异地业务部门，可根据其业务管理的规模和信息处理的特点，通过远程仿真终端、网络远程工作站或局域网远程互联实现彼此间的连接。

目前，企业信息网络已成为现代企业的重要特征和实现有效管理的基础。通过企业信息网络，企业可以摆脱地理位置所带来的不便，对广泛分布于各地的业务进行及时、统一的管理与控制，并实现全企业范围内的信息共享，从而大大提高企业在全球化市场中的竞争能力。

2）联机事物处理

联机事务处理是指利用计算机网络，将分布于不同地理位置的业务处理计算机设备或网络与业务管理中心网络连接，以便在任何一个网络节点上都可以进行统一、实时的业务处理活动或客户服务。

联机事务处理在金融、证券、期货及信息服务等系统中得到广泛的应用。例如，金融系统的银行业务网通过拨号线、专线、分组交换网和卫星通信网覆盖整个国家甚至全球，可以实现大范围的储蓄业务通存通兑，在任何一个分行、支行进行全国范围内的资金清算与划拨。

在自动提款机网络上，用户可以持信用卡在任何一台自动提款机上获得提款、存款及转账等服务。在期货、证券交易网上，遍布全国的所有会员公司都可以在当地通过计算机进行报价、交易、交割、结算及信息查询。此外，民航订售票系统是典型的联机事务处理系统，在全国甚至全球范围内提供民航机票的预订和售票服务。

3）POS 系统

POS（Point Of Sales）系统是基于计算机网络的商业企业管理信息系统，将柜台上用于收款结算的商业收款机与计算机系统互联成网络，对商品交易提供实时的综合信息管理和服务。

商业收款机本身是一种专用计算机，具有商品信息存储、商品交易处理和销售单据打印等功能，既可以单独在商业销售点上使用，又可以作为网络工作站在网络上运行。

POS 系统将商场的所有商业收款机与商场的信息系统主机互联，实现对商场的进、销、存业务的全面管理，并可以与银行的业务网通信，支持客户用信用卡直接结算。POS 系统不仅能够使商业企业的进、销、存业务管理系统化，提高服务质量和管理水平，并且能够与整个企业的其他各项业务管理相结合，为企业的全面、综合管理提供信息基础，并为经营和分析决策提供支持。

4）电子邮件系统

电子邮件系统是在计算机及计算机网络的数据处理、存储和传输等功能基础之上，构造的一种非实时通信系统。电子邮件系统可以提供文本、语音、图形、图像等多种类型的电子功能，支持文本、语音、图形、图像等多媒体邮件，并且可以将各种各样的程序、数据文件作为邮件的附件一起发送。

目前，由于网络能力的提高和网络用户的增加，电子邮件已经替代传统的信件，成为人们广泛应用的非实时通信手段。

5）电子数据交换系统

电子数据交换（Electronic Data Interchange，EDI）系统是以电子邮件系统为基础扩展而来的一种专用于商贸业务管理的系统，将商贸业务中贸易、运输、金融、海关和保险等相关业务信息，用国际公认的标准格式，通过计算机网络，按照协议在贸易合作者的计算机系统之间快速传递，完成以贸易为中心的业务处理过程。

由于电子数据可以取代以往在交易者之间传递的大量书面贸易文件和单据，因此 EDI 有时也被称为无纸贸易。EDI 的应用是以经贸业务文件、单证的格式标准和网络通信的协议标准为基础的。商贸信息是 EDI 的处理对象，如订单、发票、报关单、进出口许可证、保险单和货运单等规范化的商贸文件，它们的格式标准是十分重要的，标准决定了 EDI 信息可被不同贸易伙伴的计算机系统识别和处理。EDI 的信息格式标准普遍采用联合国欧洲经济委员会制定并推荐使用的 EDIFACT 标准。

2. 家庭娱乐应用

从迄今为止的技术来看，未来家庭所有的信息产品都将实现信息化，计算机网络在家庭中的应用主要体现在交互式影视服务、家庭办公、联机消费、多媒体交互式教育、娱乐游戏和智能电器等方面。计算机网络的建立不仅解决了一个单位、一个地区、一个国家中计算机与计算机之间的通信问题，各种软、硬件资源的共享问题，还大大促进了国际间的文字、图像、视频和声音等各类数据的传输与处理。

计算机游戏已经不再像早期的下棋游戏那样简单了，而是多媒体网络游戏。远隔千山万水的玩家可以把自己置身于虚拟现实中，通过 Internet 可以相互博弈，在虚拟现实中，游戏通过特殊装备为玩家营造身临其境的感受，甚至有些游戏还要求带上特殊的目镜和头盔，将三维图像织就呈现在玩家的眼前，玩家感觉到似乎处于一个"真实"的世界中，如果带上某种特殊的手套，还可真正"接触"虚拟现实中的物体。此外，特殊设计的运动平台可使玩家体验高速运动时的抖动、颠簸、倾斜等感觉。未来的趋势是游戏中的主人公相互切换，将真正做到剧中有我、游戏中有他，游戏与剧情融为一体。

1.3　计算机网络的组成及分类

1.3.1　计算机网络的组成

从本质上说，计算机网络以资源共享为主要目的，充分发挥分散的、各不相连的计算机之间协同工作的作用。

从逻辑功能来看，计算机网络由资源子网、通信子网和通信协议三个部分组成。资源子网负责资源共享，通信子网负责数据通信，通信双方必须共同遵守的规则和约定称为通信协议。

从物理组成来看，计算机网络系统最基础的部分是由硬件和软件两个部分组成的。计算机网络硬件是组成计算机网络系统的物理基础，不同的计算机网络系统的网络硬件差别很大，但基本的网络硬件有服务器、工作站、网络接口卡、传输介质、网络互联设备等。计算机网络软件是一种为多计算机系统环境设计的，用于对系统整体资源进行管理和控制，为系统中不同的计算机之间提供通信服务，实现网络功能所不可缺少的软环境。由于网络软件所解决的问题多而复杂，涉及的范围广，因此网络软件具有类型多样、难于标准化等特点。

1. 计算机网络硬件

常见的网络硬件有服务器、工作站、网络接口卡、传输介质及各种网络互联设备等，如图 1-6 所示。服务器和工作站都被视为网络中的计算机。

服务器　　　　　　　工作站　　　　　　　网络接口卡　　　　　传输介质

图 1-6　常见的网络硬件

1）服务器

服务器的主要功能是为网络工作站上的用户提供共享资源、管理网络文件系统、提供网络打印服务、处理网络通信问题、响应工作站上的网络请求等。常用的网络服务器有文件服务器、通信服务器、计算服务器和打印服务器等。一个计算机网络系统至少有一台服务器，也可以有多台服务器。

2）工作站

通过网络接口卡连接到网络上的计算机是工作站，它们向各种服务器发出服务请求，从网络上接收传送给用户的数据。

随着家用电器的智能化和网络化，越来越多的家用电器，如手机、电视机顶盒（使电视机不仅可以收看数字电视，还可以作为 Internet 的终端设备使用）、监控报警设备，甚至厨房卫生设备等可以接入计算机网络，它们都是网络的终端设备，也是网络的工作站。

3）网络接口卡

网络接口卡简称网卡，又称为网络接口适配器，是计算机与通信介质的接口，是构成网络的基本部件。网卡的主要功能是实现网络数据格式与计算机数据格式的转换、网络数据的接收与发送等。

4）传输介质

传输介质是用于数据传输的重要媒介，提供了数据信号传输的物理通道。常用的传输介质分为有线传输介质和无线传输介质两类。

（1）有线传输介质。

有线传输介质是指在两个通信设备之间实现的物理连接部分，能将信号从一方传输到另一方。有线传输介质主要有双绞线、同轴电缆和光纤。其中，双绞线和同轴电缆传输电信号，光纤传输光信号。双绞线既可以用来传输模拟信号数据，又可以用来传输数字信号数据。

① 双绞线。

双绞线（Twisted Pair）是由一对或一对以上的相互绝缘的导线按照一定的规格互相缠绕（一般按逆时针顺序缠绕）在一起而制成的一种传输介质，如图 1-7 所示。为了方便使用，双绞线中的 8 芯导线采用不同的颜色标识。其中橙色线和橙白色线形成一对，绿色线和绿白色线形成一对，蓝色线和蓝白色线形成一对，棕色线和棕白色线形成一对。

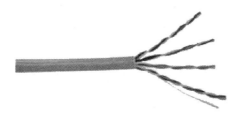

图 1-7　双绞线

按照屏蔽层的有无，双绞线可分为屏蔽双绞线（Shielded Twisted Pair，STP）和非屏蔽双绞线（Unshielded Twisted Pair，UTP）。

屏蔽双绞线（STP）在双绞线与外层绝缘封套之间有一个金属屏蔽层，该屏蔽层可减少辐射，防止信息被窃听，也可阻止外部电磁干扰的进入，使屏蔽双绞线比同类的非屏蔽双绞线具有更高的传输速率。但屏蔽双绞线并不能完全消除辐射，而且屏蔽双绞线价格相对较高，安装时要比非屏蔽双绞线困难。

非屏蔽双绞线（UTP）是一种数据传输线，由 4 对不同颜色的传输线组成，广泛用于以太网和电话线中。非屏蔽双绞线具有以下优点：无屏蔽外套，直径小，节省所占用的空间，成本低；质量小，易弯曲，易安装；将串扰减至最小或加以消除；具有阻燃性；具有独立性和灵活性，适用于结构化综合布线。

按照线径粗细分类，常见的双绞线有 3 类线、5 类线、超 5 类线、6 类线、超 6 类线、7 类线等。类型数字越大，版本越新，技术越先进，带宽越宽，当然价格也越贵。这些不同类型的双绞线标注方法是这样规定的：如果是标准类型，则按 CATx 方式标注，如常用的 5 类线和 6 类线，在线的外皮上标注 CAT 5、CAT 6；如果是改进版，则按 xe 方式标注，如超 5 类线就在线的外皮上标注 5e。

　　通常，双绞线一般用于星形网的布线连接，两端安装有 RJ-45 接头（水晶头），如图 1-8 所示，连接网卡与网络互联设备，如集线器、交换机等，最大网线长度为 100 m。如果要加大网络的范围，在两段双绞线之间可安装中继器，最多可安装 4 个中继器，如安装 4 个中继器连 5 个网段，最大传输范围可达 500 m。

　　带有 RJ-45 接头的双绞线（见图 1-9）可以使用专用的压线钳（见图 1-10）制作。RJ-45 接头的制作必须符合美国电子/电信工业协议 EIA/TIA 标准：T568A 和 T568B。根据制作过程中线序的排列不同，双绞线分为直通线、交叉线和反虚线。T568A 和 T568B 的线序如表 1-1 所示。

图 1-8　RJ-45 接头

图 1-9　带有 RJ-45 接头的双绞线

图 1-10　压线钳

表 1-1　T568A 和 T568B 的线序

T568A	1	2	3	4	5	6	7	8
	绿白	绿	橙白	蓝	蓝白	橙	棕白	棕
T568B	1	2	3	4	5	6	7	8
	橙白	橙	绿白	蓝	蓝白	绿	棕白	棕

　　在通信过程中，计算机的发送线要和交换机的接收线相连，计算机的接收线要和交换机的发送线相连。但由于交换机内部发送线和接收线进行了交叉，因此在将计算机连入交换机时需要使用直通线。直通线、交叉线和反序线的比较如表 1-2 所示。

表 1-2　直通线、交叉线和反序线的比较

线　　序	连　接　方　式	使　用　场　合
直通线	T568B—T568B（默认标准） T568A—T568A	异种设备之间，如： 计算机—交换机 路由器—交换机 交换机—交换机（UPLink 口）
交叉线	T568A—T568B	同种设备之间，如： 计算机—计算机 路由器—路由器 交换机—交换机
反序线	T568B（正常顺序）—T568B（顺序完全颠倒）	路由器、交换机配置

　　② 同轴电缆。

　　同轴电缆比双绞线的屏蔽性更好，因此在更高速率上可以传输得更远。同轴电缆以硬铜线为芯（导体），外包一层绝缘材料（绝缘层），这层绝缘材料用密织的网状导体环绕构成屏蔽层，其外又覆盖一层保护性材料（护套），如图 1-11 所示。同轴电缆的这种结构使它具有更高的带宽和极好的噪声抑制特性。1km 的同轴电缆可以达到 1~2Gbit/s 的数据传输速率。同轴

电缆具有抗干扰能力强、连接简单等特点，信息传输速率可达每秒几百兆位，是中、高档局域网的首选传输介质。

图 1-11　同轴电缆

同轴电缆根据其直径大小可以分为粗同轴电缆（粗缆）和细同轴电缆（细缆）。

粗缆适用于比较大型的局部网络，标准距离长，可靠性高，由于安装时不需要切断电缆，因此可以根据需要灵活调整计算机的入网位置，但粗缆网络必须安装收发器电缆，因其安装难度大，所以总体造价高。

细缆安装比较简单，造价低，但由于安装过程要切断电缆，两端必须安装首先 BNC 接头，如图 1-12 所示，然后接在 T 型连接器两端，所以当接头多时容易产生不良的隐患，这是目前运行的以太网中所发生的常见故障之一。

图 1-12　BNC 接头

无论是粗缆还是细缆，均为总线拓扑结构，即一根电缆上接多台机器，这种拓扑结构适用于机器密集的环境，但是当某个触点发生故障时，故障会串联影响到整根电缆上的所有机器。故障的诊断和修复都很麻烦，因此，同轴电缆将逐步被非屏蔽双绞线或光缆取代。

根据传输频带的不同，同轴电缆又可分为基带同轴电缆和宽带同轴电缆。

基带同轴电缆又分基带细同轴电缆和基带粗同轴电缆。基带电缆仅仅用于数字传输，数据传输速率可达 10Mbit/s。传输的数字信号占整个信道，同一时间内能传输一种信号。

使用有线电视电缆进行模拟信号传输的同轴电缆被称为宽带同轴电缆，可传输不同频率的信号。

③ 光纤。

光纤是光导纤维的简写，是一种由玻璃或塑料制成的纤维，可作为光传导工具。光纤是由纯石英玻璃制成的，纤芯外面包围着一层折射率比纤芯低的包层，包层外是一层塑料护套，如图 1-13 所示，光纤需要用 ST 型连接器（见图 1-14）连接。

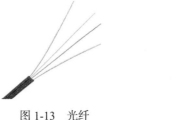

图 1-13　光纤　　　　　　　　　　　　图 1-14　ST 型连接器

光纤又称为光缆，由纤芯、玻璃网层和能吸收光线的外壳组成，是由一组光导纤维组成的用来传播光束的、细小而柔韧的传输介质。应用光学原理，先由光发送机产生光束，将电信号变为光信号，再把光信号导入光纤，在另一端由光接收机接收光纤上传来的光信号，并把它变为电信号，经解码后再处理。

与双绞线和同轴电缆比较，光纤的电磁绝缘性能好、信号衰减小、频带宽、传输速率高、传输距离大；具有不受外界电磁场的影响、无限制的带宽等特点。光纤的传输速率可达 100Gbit/s，数据可传输几百千米，但价格昂贵。

光纤分为单模光纤和多模光纤。单模光纤是指在工作波长中，只能传输一个传播模式的光纤，通常简称为 SMF（SingleMode Fiber）。

单模光纤用激光作为光源，仅有一条光通路，传输距离长，为 20～120km。目前，在有线电视和光通信中，应用最广泛的是光纤。

在工作波长中，能传输多个传播模式的光纤称为多模光纤（MultiMode Fiber，MMF）。多模光纤由二极管发光，低速短距离，传输距离在 2km 以内。

（2）无线传输介质。

无线传输介质是指周围的自由空间。利用无线电波在自由空间的传播可以实现多种无线通信。在自由空间传播的电磁波根据频谱可分为无线电波、微波、红外线、激光等，信息被加载在电磁波上进行传输。

① 微波。

微波是频率为 $10^8 \sim 10^{10}$Hz 的电磁波。在 100MHz 以上，微波就可以沿直线传播，因此可以集中于一点。通过抛物线状天线把所有的能量集中于一小束，便可以防止他人窃取信号和减少其他信号对它的干扰，但是发射天线和接收天线必须精确地对准。因为微波沿直线传播，所以如果微波塔相距太远，地表就会挡住微波的去路。因此，隔一段距离就需要一个中继站，微波塔越高，微波传播的距离越远。微波被广泛用于长途电话通信、监察电话、电视传播和其他方面。

② 红外线。

红外线是频率为 $10^{12} \sim 10^{14}$Hz 的电磁波。无导向的红外线被广泛用于短距离通信。电视、录像机使用的遥控装置都利用了红外线。红外线有一个主要缺点：不能穿透坚实的物体。但正是由于这个原因，一间房屋里的红外系统不会对其他房间里的系统产生串扰，所以红外系统防窃听的安全性要比无线电系统好。正因如此，应用红外系统不需要得到政府的许可。

③ 激光。

通过装在楼顶的激光装置来连接两栋建筑物里的局域网。由于激光信号是单向传输的，因此每栋楼房都需要有自己的激光及测光的装置。激光传输的缺点之一是不能穿透雨和浓雾，但是在晴天里可以工作得很好。

5）网络互联设备

要实现计算机与通信设备、计算机与计算机之间的数据通信、网络与网络之间的相互通信，还需要有网络互联设备。常见的网络互联设备有中继器、集线器、网桥、交换机、路由器和网关等，如图 1-15 所示。

中继器   集线器   网桥

路由器   家庭路由器   交换机

图 1-15   常见的网络互联设备

- 中继器是局域网互联的最简单设备，主要用来扩展网络长度。
- 集线器是有多个端口的中继器，可以连接多台本地计算机，是对网络进行集中管理的最小单元。集线器的主要功能是放大和中转信号，把一个端口的信号广播发送。
- 网桥又称桥接器，是一个局域网与另一个局域网之间建立连接的桥梁。
- 交换机是集线器的升级，在外观上看和集线器没有很大区别。交换机有多个端口，每个端口都具有桥接功能，可以连接一个局域网或一台高性能服务器或工作站。
- 路由器是网络中进行网间连接的关键设备。路由器的主要工作就是为经过路由器的每个数据寻找一条最佳传输路径，并将该数据有效地传输到目的站点。
- 在一个计算机网络中，当连接不同类型而协议差别较大的网络时，则要选用网关。充当网关的可以是计算机，也可以是路由器。

2. 计算机网络软件

1）网络协议

为了使网络中的计算机能正确地进行数据通信和资源共享，计算机和通信控制设备必须共同遵循一组规则和约定，这些规则、约定或标准就称为网络协议，简称协议。

2）网络操作系统

连接在网络上的计算机，其操作系统必须遵循通信协议并支持网络通信才能使计算机接入网络。因此，现在几乎所有的操作系统都具有网络通信功能。网络操作系统是计算机系统中用来管理各种软硬件资源的系统，是网络用户与计算机网络之间的接口。网络操作系统可实现操作系统的所有功能，并且能够对网络中的资源进行管理和共享，为网络用户提供各种网络服务。

目前使用的网络操作系统主要有 Windows 系统、NetWare 系统、UNIX 系统和开放源代码的自由软件 Linux 系统。

（1）Windows 系统。

微软公司的 Windows 系统不但在个人操作系统中占有绝对优势，而且在网络操作系统中具有非常强劲的力量。这类操作系统在整个局域网配置中是最常见的，但由于它对服务器的硬件要求较高，且稳定性能不是很高，所以微软的网络操作系统一般只用在中低档服务器中，高端服务器通常采用 UNIX 系统或 Linux 系统等。

在局域网中，微软的网络操作系统主要有 Windows NT 4.0 Server、Windows 2000 Server、

Windows 2003 Server、Windows 2008 Server、Windows 2012 Server、Windows 2016 Server 等，工作站系统可以采用任一 Windows 系统或非 Windows 系统等。

（2）NetWare 系统。

Netware 系统是 Novell 公司推出的网络操作系统。NetWare 系统在局域网中早已失去了当年雄霸一方的气势，但 NetWare 系统对网络硬件的要求较低，以及在无盘工作站组建方面具有优势，兼容 DOS 命令，具有相当丰富的应用软件支持，技术完善、可靠等，因此在一些中小型企业和学校得到了广泛的应用。常用的版本有 NetWare 3.11、NetWare 3.12、NetWare 4.10、NetWare 4.11、NetWare 5.0 等中英文版本。Netware 系统市场占有率呈下降趋势，这部分的市场主要被 Windows 系统和 Linux 系统瓜分了。

（3）UNIX 系统。

目前常用的 UNIX 系统版本主要有 UNIX SUR 4.0、HP-UX 11.0、SUN 的 Solaris 8.0 等。UNIX 系统支持网络文件系统服务、数据提供等应用，功能强大，由 AT&T 和 SCO 公司推出。这种网络操作系统稳定和安全性能非常好，但它多数是以命令方式来进行操作的，因此不容易掌握，特别是初级用户。正因如此，小型局域网基本不使用 UNIX 作为网络操作系统，UNIX 系统一般用于大型的网站或大型的企事业局域网中。UNIX 网络操作系统历史悠久，其良好的网络管理功能已为广大网络用户所接受，拥有丰富的应用软件的支持。目前 UNIX 网络操作系统的版本有 AT&T 和 SCO 的 UNIX SVR 3.2、UNIX SVR 4.0 和 UNIX SVR 4.2 等。UNIX 系统是针对小型机的主机环境开发的操作系统，是一种集中式分时多用户体系结构。因体系结构不够合理，UNIX 系统的市场占有率呈下降趋势。

（4）Linux 系统。

Linux 系统是一种新型的网络操作系统，最大的特点就是源代码开放，可以免费得到许多应用程序。目前 Linux 系统主要版本有 Redhat 版本（基于 RPM 包的 YUM 包管理方式）、CentOS 版本（免费的、开源的、可以重新分发的 Linux 发行版）、Ubuntu 版本（拥有漂亮的用户界面的系统）、Mandriva 版本（KDE 桌面的 Linux 版本）、Debian 版本（完全非商业目的的 Linux 发行版）等。Linux 系统在国内得到了用户充分的肯定，主要体现在它的安全性和稳定性方面，它与 UNIX 系统有许多类似之处。但目前这类操作系统主要应用于中、高档服务器中。

总的来说，对特定计算机网络环境的支持使得每一个操作系统都有适合自己的工作场合，这就是系统对特定网络环境的支持。因此，对于不同的网络应用，需要有目的地选择合适的网络操作系统。

3）网络应用软件

为了提供网络服务，开展各种网络应用，服务器和终端计算机必须安装网络应用软件。例如，电子邮件程序、浏览器程序、即时通信软件、网络游戏软件等，它们为用户提供了各种各样的网络应用。

1.3.2　计算机网络的分类

计算机网络系统是非常复杂的系统，不同类型的网络在性能、结构、用途等方面的特点也是有区别的，因此计算机网络存在着多种不同的划分方法，这有助于从不同的角度全面了解网络系统的特性。根据网络的分类不同，在同一种网络中可能有很多种不同的名字或说法，通常可以从不同的角度对计算机网络进行分类。

1. 按网络的分布范围分类

网络覆盖的地理范围不同，所采用的传输技术也有所不同，因此形成了不同的网络技术特点和网络服务功能。按地理分布范围的大小，计算机网络可以分为广域网、局域网和城域网三种，如表 1-3 所示。

表 1-3　三种不同类型网络的比较

网 络 分 类	缩　写	分 布 距 离	计算机分布范围	传输速率范围
局域网	LAN	10m 左右	房间	4Mbit/s~1Gbit/s
		100m 左右	楼宇	
		1000m 左右	校园	
城域网	MAN	10km	城市	50kbit/s~100Mbit/s
广域网	WAN	100km 以上	国家或全球	9.6kbit/s~45Mbit/s

1）广域网

广域网（Wide Area Network，WAN）也称远程网，其分布范围可达数百至数千千米，可覆盖一个国家或一个洲。广域网是 Internet 的核心部分，其任务是通过长距离（如跨越不同的国家）运送主机所发送的数据。连接广域网各节点交换机的链路一般都是高速链路，具有较大的通信容量。广域网又分成主干网和用户接入网。用作数据传输的网络干线称为主干网，一般采用带宽比较宽的卫星通信网或光纤网。用户节点接入广域网的网络支线称为用户接入网，一般采用电话、ISDN 数字电话、DDN 专线及 X.25 拨号等方式。

2）局域网

局域网（Local Area Network，LAN）是将小区域内的各种通信设备互联在一起的网络，其分布范围局限在一间办公室、一栋大楼或一座校园内，用于连接个人计算机、工作站和各类外围设备，以实现资源共享和信息交换。现在局域网已被广泛应用，一个学校或企业大都拥有许多个局域网，因此又出现了校园网或企业网的名词。

3）城域网

城域网（Metropolitan Am Network，MAN）的分布范围介于局域网和广域网之间，其目的是在一个较大的地理区域内提供数据、声音和图像的传输。顾名思义，城域网就是在一个城市范围内组建的网络。城域网可以理解为一种放大了的局域网或缩小了的广域网。

2. 按网络的交换方式分类

按交换方式来分类，计算机网络可以分为电路交换网、报文交换网和分组交换网三种。

1）电路交换网

电路交换（Circuit Switching）方式类似传统的电话交换方式，用户在开始通信前，必须申请建立一条从发送端到接收端的物理信道，并且在双方通信期间始终占用该信道。

2）报文交换网

报文交换（Message Switching）方式的数据单元是要发送的一个完整报文，其长度无限制。报文交换采用存储—转发原理，类似古代的邮政通信，邮件由途中的驿站逐个存储转发。报文中含有目的地址，每个中间节点要为途经的报文选择适当的路径，使其能最终到达目的端。

3）分组交换网

分组交换（Packet Switching）方式也称包交换方式，1969 年首次在 ARPANet 上使用，现在人们公认 ARPANet 是分组交换网之父，并将分组交换网的出现时间作为计算机网络新时代的开始。采用分组交换方式通信前，发送端先将数据划分为一个个等长的单位（分组），这些分组逐个由各中间节点采用存储—转发方式进行传输，最终到达目的端。由于分组长度有限，因此可以在中间节点机的内存中进行存储处理，其转发速度大大提高。

3. 按拓扑结构分类

计算机网络拓扑结构是组建各种网络的基础，不同的网络拓扑结构涉及不同的网络技术，对网络的设计、性能、可靠性和通信费用等方面都有重要的影响。按所采用的拓扑结构可以将计算机网络分为星形网、环形网、总线网、树形网和网状网。

1）星形网

星形网是最早采用的拓扑结构形式，其每个站点都通过电缆与主控机（中央节点）相连，各个站点之间的通信都由主控机进行，因此要求主控机有很高的可靠性，这种结构是一种集中控制方式。

如图 1-16 所示，在星形网中，各节点通过电缆连接到一个中央节点（又称中央转接站，一般是集线器或交换机）上，由该中央节点向目的节点传送信息。中央节点执行集中式通信控制策略，因此中央节点相当复杂，负担比各节点重得多。在星形网中，任何两个节点要进行通信都必须经过中央节点控制。

星形拓扑结构的基本特点如下。

- 每个分节点通过独立的线缆连接，单个分节点或单条线缆不会影响网络中其他节点的正常工作。
- 网络性能依赖于中心节点，一旦中心节点出现故障，便会危及全网。
- 安装操作简单，节点移动简单，网络扩展性好。

2）环形网

环形网中各工作站依次相互连接组成一个闭合的环形，信息可以沿着环形线路单向（或双向）传输，由目的站点接收。环形网适合那些数据不需要在主控机上集中处理而主要在各站点进行处理的情况。

如图 1-17 所示，在环形网中，各节点通过环路接口连在一条首尾相连的闭合环形通信线路中，环路中各节点地位相同，环路上任何节点均可请求发送信息，请求一旦被批准，便可以向环路发送信息。

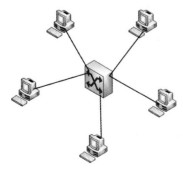

图 1-16　星形网

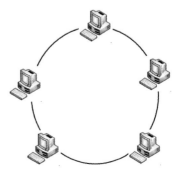

图 1-17　环形网

环形拓扑结构主要有以下几个特点。

- 结构简单。
- 任何一个节点或一段线路出现故障，都有可能造成整个网络的中断，并且故障点的诊断非常困难，因此也会造成维护上的不便。
- 扩展性不好，如果要新添加或移动节点，就必须中断整个网络，在环的两端做好连接器才能连接。

3）总线网

在总线网中，各个工作站通过一条总线连接，信息可以沿着两个不同的方向由一个站点传向另一个站点，是目前局域网中普遍采用的一种网络拓扑结构情形。

如图1-18所示，总线网采用一条单根线缆作为传输介质，所有的站点都通过相应的硬件接口直接连接到传输介质上（或称总线上）。任何一个节点信息都可以沿着总线向两个方向传播扩散，并且能被总线中任意一个节点接收，所有的节点共享一条数据通道，一个节点发出的信息可以被网络上的多个节点接收。

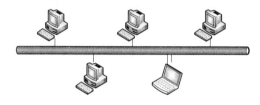

图1-18　总线网

总线拓扑结构具有以下几个特点。

- 结构简单，但是安装操作复杂，网络扩展不够灵活。
- 连接节点的数目有限，并且因为所有节点共享总线带宽，所以数据传输速率会随着接入网络的节点数的增加而下降。
- 故障诊断困难，故障点的检测和维修可能会影响网络中的其他正常节点；如果发生总线故障，则会殃及全网。
- 只有一个公共传输通道，因此一个时刻仅能允许一个节点发送数据，其他节点必须等待。

4）树形网

树形网是由星形网的一个节点连接到另外一台交换机或集线器而构成的。树形网在网络中经常被采用，星形网可以被看作树形网的特例。树形网有天然的分级结构，又被称为分级的集中式网络。如图1-19所示，树形网类似行政部门的分级管理机构，因此此类网络具有很好的层次性。

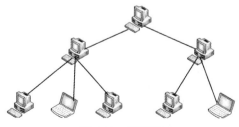

图1-19　树形网

树形拓扑结构具有以下几个特点。

- 网络成本低，结构比较简单。
- 在网络中，任意两个节点之间不产生回路，每个链路都支持双向传输，并且网络中节点扩充方便、灵活，寻查链路路径比较简单。
- 各个节点对根节点的依赖性大，一旦根节点出现故障，将会影响整个网络系统的正常运行。

5）网状网

网状网的拓扑结构是一张"网"。各节点通过传输线互相连接起来，并且每一个节点至少与其他两个节点相连，如图 1-20 所示。这种网络的特点是节点间的通路比较多，数据在传输时可以选择多条路由。当某一条线路出故障时，数据分组可以寻找别的线路迂回最终到达目的地，所以网络具有很高的可靠性。但该网络控制结构复杂，建网成本高，一般用于广域网。

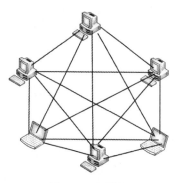

图 1-20　网状网

网状拓扑结构具有以下几个特点。

- 网络可靠性高，当一条路径发生故障时，还可以通过另一条路径进行信息传输。
- 可选择最佳路径，传输时延小。
- 控制复杂，软件复杂，线路费用高，不易扩充。

除以上分类方法外，按所采用的传输介质，计算机网络可以分为双绞线网、同轴电缆网、光纤网、无线网；按信道的带宽，计算机网络可以分为窄带网和宽带网；按不同用途，计算机网络可以分为科研网、教育网、商业网、企业网等。

技能训练

实训 1-1：绘制拓扑结构

1. 实训目的

（1）学会使用绘图软件绘制网络设计图。
（2）掌握网络拓扑图形的基本绘制技巧。

2. 实训内容

根据图 1-21～图 1-24，使用相关绘图软件绘制网络拓扑结构图。

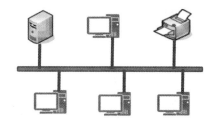

图 1-21　某小型企业 A 网络结构

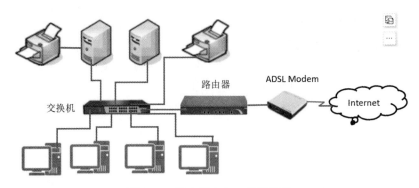

图 1-22　某小型企业 B 网络结构

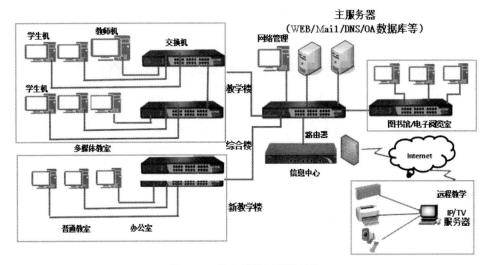

图 1-23　某中学校园网络结构

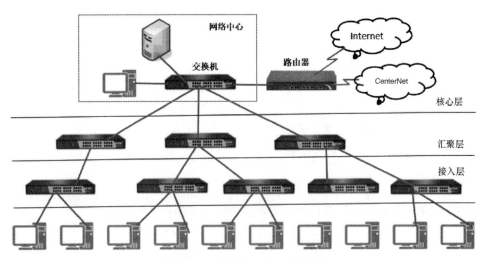

图 1-24　某大学学生宿舍网络结构

3．实训要求

把绘制的拓扑结构图保存为名为 test1_1、test1_2……的文件，统一存放在以自己学号+名字（01_张三）为名的文件夹中并压缩上传到指定的服务器位置。

实训 1-2：制作网线

1. 实训目的

（1）掌握双绞线的制作线序。
（2）掌握双绞线的制作方法。
（3）养成职业技能规范意识。

微课：双绞线的制作

2. 实训仪器材料

所需的仪器和材料：双绞线（见图 1-25）、RJ-45 接头（见图 1-26）、压线钳（见图 1-27）、测线仪（见图 1-28）。

图 1-25　双绞线

图 1-26　RJ-45 接头（水晶头）

图 1-27　压线钳

图 1-28　测线仪

3. 实训内容

1）制作网线

步骤 1：剥线。

首先用压线钳把双绞线的一端剪齐，然后把剪齐的一端插入压线钳用于剥线的缺口中，如图 1-29 所示。顶住压线钳后面的挡位以后，稍微握紧非屏蔽双绞线（5 类），压线钳慢慢旋转一圈，让刀口划开双绞线的保护外皮并剥除外皮。

注意：压线钳挡位离剥线刀口长度通常恰好为 RJ-45 接头长度，这样可以有效避免剥线过长或过短。如果剥线过长，则往往会因为网线不能被 RJ-45 接头卡住而容易松动；如果剥线过短，则会造成 RJ-45 接头插针不能跟双绞线完好接触。

图 1-29　双绞线插入缺口

步骤 2：线序排列。

剥除外皮后会看到双绞线的 4 对芯线，可以看到每对芯线的颜色各不相同。将绞在一起的芯线分开，按照橙白、橙、绿白、蓝、蓝白、绿、棕白、棕的颜色顺序排列，并用压线钳将线的顶端剪齐。按照上述线序排列的每条芯线分别对应 RJ-45 接头的 1、2、3、4、5、6、7、8 针脚，RJ-45 接头针脚如图 1-30 所示。一般将 1、2 线作为发送线，3、6 线作为接收线。

图 1-30　RJ-45 接头针脚

步骤 3：压线。

RJ-45 接头的弹簧卡向下，将正确排列的双绞线插入 RJ-45 接头中。在插的时候一定要将各条芯线都插到底部。RJ-45 接头是透明的，因此可以观察到每条芯线插入的位置。将插入双绞线的 RJ-45 接头插入网线钳的压线插槽中，用力压下网线钳的手柄，使 RJ-45 接头的针脚都能接触到双绞线的芯线。

完成双绞线一端的制作工作后，按照相同的方法制作另一端即可。注意：双绞线两端的芯线排列顺序要完全一致。

2）测试网线

在完成双绞线的制作后，建议使用测线仪对网线进行测试。将双绞线的两端分别插入测线仪的 RJ-45 接口，并接通测线仪电源。如果测线仪上的 8 个绿色指示灯都顺利闪烁，说明制作成功。如果其中某个指示灯未闪烁，则说明 RJ-45 接头中存在断路或接触不良的现象。此时应再次对网线两端的 RJ-45 接头用力压一次并重新测试，如果依然不能通过测试，则只能重新制作。使用测线仪测试网线如图 1-31 所示。

图 1-31　使用测线仪测试网线

提示：实际上在目前的 100Mbit/s 带宽的局域网中，双绞线中的 8 条芯线并没有完全用上，而只有 1、2、3、6 线有效，分别起着发送和接收数据的作用。因此在测试网线的时候，如果测线仪上与芯线线序相对应的 1、2、3、6 指示灯能够被点亮，则说明网线已经具备了通信能力，而不必关心其他的芯线是否连通。

另外，如果网线较多时，集线器或交换机的另一端可能就很难分清网线。为避免此类事件发生，在每条线的两端做好标记，并制作一份档案长期保存。

3）使用网线

（1）使用直通线连接 PC 和交换机端口。

把直通线一头插入计算机网卡的 RJ-45 接口，另一头插入交换机的任意一个端口。若连接正常，则网卡后面的指示灯会亮。

（2）使用交叉线连接 PC 和 PC。

把交叉线一头插入计算机网卡的 RJ-45 接口，另一头插入另一台计算机网卡的 RJ-45 接口。若连接正常，则网卡后面的指示灯会亮。

（3）使用反序线连接 PC 和交换机的配置口。

把反序线一头插入计算机的 Com 口（需要 DB9 接头），另一头插入交换机的配置口。若连接正常，则可以进入配置界面。

知识小结

计算机网络技术是计算机技术与通信技术的结合，其发展过程是从简单到复杂、从单机到多机、从终端与计算机通信到计算机与计算机直接通信的过程。未来互联网的发展趋势和走向是"云大物智移"，目前比较热门的计算机网络关键技术有云计算、虚拟化和 SDN 等。

计算机网络技术在实际生活中发挥了极大的作用，其中重要的三个功能是数据通信、资源共享和分布处理。反观其组成部分，从逻辑功能来看，计算机网络由通信子网、资源子网和通信协议三个部分组成；从物理组成来看，由硬件和软件两个部分组成。计算机网络是非常复杂的系统，不同类型的网络在性能、结构、用途等方面的特点是有区别的，因此计算机网络存在着多种不同的划分方法。

理论练习

1. 填空题

（1）双绞线分为两类：_____和_____。

（2）能覆盖一个国家、地区或几个洲的计算机网络称为_____，同一建筑或覆盖几千米范围内的计算机网络称为_____，而介于这两者之间的是_____。

（3）按传输介质划分，计算机网络可以分为_____和_____。

（4）只要网络中某一个节点出现故障，整个网络就无法工作的拓扑结构是_____结构。

2. 选择题

（1）广域网的拓扑结构一般为（　　）。
　　A．网状　　　　　　　　　　B．星形
　　C．树形　　　　　　　　　　D．总线

（2）以太网网卡提供了相应的接口，其中适用于细同轴电缆的网卡应提供（　　）。
　　A．RJ-45 接口　　　　　　　B．AUI 接口
　　C．BNC 接口　　　　　　　　D．RS-232 接口

（3）下列传输介质中，传输速率最高的是（　　）。
　　A．双绞线　　　　　　　　　B．同轴电缆
　　C．光纤　　　　　　　　　　D．红外线

（4）对计算机网络发展具有重要影响的广域网是（　　）。
　　A．ARPANet　　　　　　　　B．Ethernet

C．Token Ring   D．ALOHA

（5）双绞线 T568B 标准线序排列是（　　）。

    A．绿白-1、绿-2、橙白-3、蓝-4、蓝白-5、橙-6、棕白-7、棕-8

    B．橙白-1、橙-2、蓝白-3、绿-4、绿白-5、蓝-6、棕白-7、棕-8

    C．橙白-1、橙-2、绿白-3、蓝-4、蓝白-5、绿-6、棕白-7、棕-8

    D．橙白-1、橙-2、绿-3、蓝-4、蓝白-5、绿白-6、棕白-7、棕-8

（6）把计算机网络分为有线网和无线网的分类依据是（　　）。

    A．网络的地理位置   B．网络的传输介质

    C．网络的拓扑结构   D．网络的成本价格

（7）以下（　　）不是通信子网的功能。

    A．数据传输   B．通信控制

    C．数据采集   D．数据交换

3．简答题

（1）什么是计算机网络？计算机网络的组成有哪些？

（2）计算机网络的发展分哪几个阶段？每个阶段有什么特点？

第2章

计算机网络体系结构

学习导入

随着计算机网络技术的不断发展，出现了多种不同结构的网络系统，如何实现这些异构网络的互联？采取什么样的有效方法来分析这些复杂的计算机网络系统？

思维导图

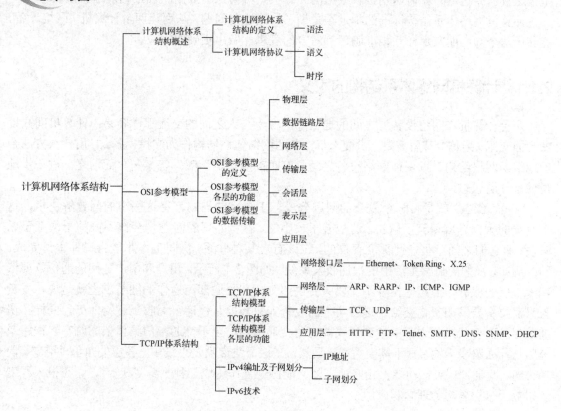

- 认识什么是计算机网络协议。
- 了解计算机网络的体系结构。
- 认知 OSI 参考模型及各层功能。
- 认知 TCP/IP 体系结构及各层功能。
- 掌握 IPv4 编址方法。
- 掌握子网划分的方法。
- 了解 IPv6 编址方法。

2.1 计算机网络体系结构概述

众所周知，计算机网络是个非常复杂的系统。当连接在网络上的两台计算机需要进行通信时，由于计算机网络的复杂性，需要考虑很多因素。例如，如何在两台计算机之间建立一条传送数据的通路？如何识别接收数据的计算机？如何保证数据能被正确发送和接收？

计算机网络体系结构标准的制定正是为了解决这些问题，从而让两台计算机（网络设备）能够像两个知心朋友那样互相准确理解对方的意思并做出正确的回应。

2.1.1 计算机网络体系结构的定义

两台计算机（网络设备）之间的通信并不像人与人之间的交流那样容易，计算机间高度默契的交流（通信）背后需要十分复杂、完备的网络体系结构作为支撑。那么，用什么方法合理地组织网络结构，以保证网络设备之间具有"高度默契"呢？答案是分而治之，进一步地说就是分层思想。

"分而治之"就是将一个复杂的问题分成若干个小的问题，将这些小的问题解决了，这个复杂的大问题就得到了解决。这些若干较小的、容易处理的问题将会在不同的层次上予以解决，但它们之间不是彼此孤立存在的，应该有着某种联系，协同工作才能将一件事情完成。

例如，我们的日常生活中的快递收发系统，如图 2-1 所示，用户和用户之间的通信需要依赖于下层的服务，但是他们并不需要关心快递公司和交通部门运作的细节。也就是说，发货人只需要将要发的货物交给快递公司，而收货人只需要从快递公司收到货物即可。同样，快递公司只需要从发货人手中拿到货物并交给交通部门，至于交通部门具体依靠航空、铁路或公路从什么路线运输，则不需要关心。显然，在这个快递收发系统中，各层的角色（用户、快递公司、交通部门）在功能上相互独立却又能协调合作达成一种"高度默契"，这在很大程度上得益于分层思想的理念和应用。

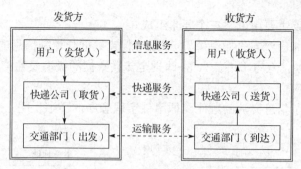

图 2-1　快递收发系统

计算机网络体系结构也采用了分层思想。那么，网络体系结构应该具有哪些层次？每个层次又负责哪些功能？各个层次之间的关系是怎样的？它们又是如何进行交互的呢？要想确保通信的双方能够达成"高度默契"，又需要遵循哪些规则？简而言之，计算机网络体系结构必须包括三个内容，即分层结构与每层的功能、服务与层间接口及协议。在计算机网络中，层、层间接口及协议的集合被称为计算机网络体系结构。

在计算机网络体系结构中，分层的思想就是每层在依赖自己下层所提供的服务的基础上，通过自身内部功能实现一种特定的服务。分层的好处如下。

- 各层之间是独立的。上层只需要通过下层为上层提供的接口来使用下层所实现的服务，而不需要关心下层的具体实现。
- 灵活性好。只要每层为上层提供的服务和接口不变，每层的实现细节可以任意改变。
- 结构上可分割开。各层都可以采用最合适的技术来实现。
- 易于实现和维护。把复杂的系统分解成若干个涉及范围小且功能简单的子单元，从而使得系统结构清晰，实现、调试和维护都变得简单和容易。
- 能促进标准化工作。因为每个实体都具有相同的层，每一层功能都比较单一，所以提供的服务比较明确。

2.1.2　计算机网络协议

发货人和收货人对货物的共识就是二者之间的协议，这种协议的存在使得收货人能收到货物并认可，达成收发的默契；类似地，快递公司取货方与送货方要对货物的传递达成共识，也就是说，有一套规则来保证快递公司之间的"默契"，二者间的这种默契要么是把货物完好无损地送给收货人，要么是把货物完好无损地退给发货人；同样地，交通部门要对货物如何运输达成共识，正是由于这种共识，货物才能到达指定取货点。也就是说，对等实体间的这种默契（共识）就是协议。快递共识系统如图 2-2 所示。

同样，在计算机网络体系结构中，不同层需要完成不同的功能或提供不同的服务。这些功能（服务）实际上都是由计算机体系结构中具体的某一层来实现的，更具体地说，主要是通过每层相应的通信协议来实现的。也就是说，计算机网络中所有的通信活动都是由协议控制的，各种各样的协议保证了网络中的计算机之间高度默契的通信。

计算机网络的协议（Protocol）是计算机网络中的计算机为了进行数据交换而建立的规则、标准或约定。计算机网络的协议主要规定了所交换数据的格式及有关同步与时序的问题。协议对计算机网络通信的数据流和通信全程进行约束，并制定了计算机网络接口等一系列硬件设备的标准。网络协议主要由以下三个要素组成。

（1）语法。规定通信双方"如何讲"，即规定传输数据与控制信息的结构或格式。

（2）语义。规定通信双方"讲什么"，即规定传输数据的类型及通信双方要发出的控制信息、执行的动作及响应。

（3）时序。规定了信息交流的顺序，即事件实现顺序的详细说明。

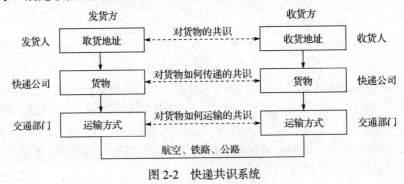

图2-2　快递共识系统

2.2　OSI 参考模型

在计算机网络产生之初，每个计算机厂商都有各自的一套网络体系结构，它们之间互不兼容。为了解决这种问题，国际标准化组织（ISO）在 1979 年建立了一个分委员会来专门研究一种用于开放系统互联的体系结构，提出了开放系统互联参考模型（Open System Interconnection Reference Model，OSI/RM），简称 OSI 参考模型。

由于国际标准化组织的权威性，OSI 参考模型成为广大厂商努力遵循的标准。OSI 参考模型为连接分布式应用处理的"开放"系统提供了基础。"开放"这个词表示只要遵守 OSI 参考模型和有关标准，一个系统就可以与位于世界上任何地方的、遵守 OSI 参考模型及有关标准的其他任何系统进行连接。国际标准化组织所定义的 OSI 参考模型提供了连接各种计算机的标准框架。

2.2.1　OSI 参考模型的定义

OSI 参考模型是一个具有 7 层结构的体系模型，如图 2-3 所示，自底向上的层次分别是物理层、数据链路层、网络层、传输层、会话层、表示层和应用层。发送和接收信息所涉及的内容和相应的设备称为实体。OSI 参考模型的每一层都包含多个实体，处于同一层的实体称为对等实体。

OSI 参考模型采用了分层结构技术，把一个网络系统分成若干层，每一层实现不同的功能，每一层的功能都以协议形式正规描述，协议定义了某层与一个对等层通信所使用的一套规则和约定。每一层向相邻上层提供一套确定的服务，并且使用与之相邻的下层所提供的服务。从概念上来讲，每一层都与一个对等层通信，但实际上该层所产生的协议信息单元是借助于相邻下层所提供的服务来传送的。因此，对等层之间的通信称为虚拟通信。

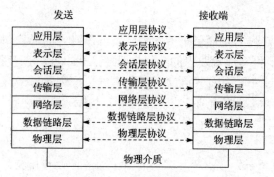

图 2-3 OSI 参考模型

OSI 参考该模型有下面几个特点。

（1）每个层次的对应实体之间都通过各自的协议通信。

（2）各个计算机系统都有相同的层次结构。

（3）不同系统的相应层次有相同的功能。

（4）同一系统的各层次之间通过接口联系。

（5）相邻的两层之间，下层为上层提供服务，同时上层使用下层提供的服务。

2.2.2 OSI 参考模型各层的功能

OSI 参考模型定义了网络互联的 7 层（物理层、数据链路层、网络层、传输层、会话层、表示层、应用层），每一层实现各自的功能和协议，并完成与相邻层的接口通信。OSI 参考模型的 7 层功能表如表 2-1 所示。

表 2-1 OSI 参考模型的 7 层功能表

层　　次	数 据 格 式	主 要 功 能	典 型 设 备
应用层	数据报文	为应用程序提供网络服务	
表示层	数据报文	数据表示、数据安全、数据压缩	
会话层	数据报文	建立、管理和终止会话	
传输层	数据报文	提供端到端连接	
网络层	数据包（分组）	确定地址、路径选择（路由）	路由器
数据链路层	数据帧	介质访问（接入）	网桥、交换机、网卡
物理层	比特流	二进制数据流传输	光纤、同轴电缆、双绞线、中继器和集线器

1）物理层

在 OSI 参考模型中，物理层（Physical Layer）是参考模型的底层，也是 OSI 参考模型的第一层。物理层的主要功能是利用传输介质为数据链路层提供物理连接，实现在通信设备之间比特流（Bit）的透明传输。总的来说，物理层提供建立、维护和拆除物理链路所需的机械、电气、功能和规程特性，相当于快递寄送过程中的交通工具，如飞机、火车或汽车。

2）数据链路层

数据链路层（Data Link Layer）为网络层提供服务，它的主要功能是在不可靠的物理线路上进行数据的可靠传输。数据链路层向网络层提供的功能有：为网络层提供设计良好的服务接口；将物理层的比特流组成帧（Frame）；进行差错处理及进行流量控制等。

3）网络层

网络层（Network Layer）是通信子网与用户资源子网之间的接口，也是高、低层协议之间的界面层。网络层主要将本地端发出的分组/数据包（Packet）经各种途径送达目的端，从本地端至目的端可能会经过许多中间节点，所以网络层是控制通信子网、处理端对端数据传输的底层。网络层的主要功能是路由选择，流量控制，传输确认，中断、差错及故障的恢复等。当本地端与目的端不处于同一网络中时，网络层将处理这些差异。

4）传输层

传输层（Transport Layer）是资源子网与通信子网的接口和桥梁，完成了资源子网中两个节点间的直接逻辑通信，实现了通信子网端到端的数据段（Segment）的可靠传输。传输层下面的物理层、数据链路层和网络层均属于通信子网，可完成有关的通信处理，向传输层提供网络服务；传输层上面的会话层、表示层和应用层完成面向数据处理的功能，并为用户提供与网络之间的接口。因此，传输层在7层网络模型中起到承上启下的作用，是整个网络体系结构中的关键部分，是唯一负责总体数据传输和控制的一层。传输层的两个主要功能如下。

- 提供可靠的端到端的通信。
- 向会话层提供独立于网络的传输服务。

5）会话层

会话层（Session Layer）的主要功能是在两个节点间建立、维护和释放面向用户的连接，并对会话进行管理和控制，保证会话数据的可靠传输。

在会话层和传输层都提到了连接，那么会话连接和传输连接到底有什么区别呢？

在进行大量的数据传输时，如正在下载一个100MB的文件，当下载到95MB时，网络断线了，为了解决这个问题，会话层提供了同步服务，通过在数据流中定义检查点（Checkpoint）把会话分割成明显的会话单元。当网络故障出现时，从最后一个检查点开始重传数据。

6）表示层

在OSI参考模型中，表示层（Presentation Layer）以下的各层主要负责数据在网络中传输时不出错。但数据的传输没有出错，并不代表数据所表示的信息不会出错。表示层专门负责有关网络中计算机信息表示方式的问题。表示层负责在不同的数据格式之间进行转换操作，以实现不同计算机系统间的信息交换。两台计算机之间的信息交换如图2-4所示，基于ASCII码的计算机将信息HELLO的ASCII码发送出去，但因为接收方使用EBCDIC码，所以数据必须加以转换。因此，发送的是十六进制字符48454C4C4F，接收到的却是C8C5D3D3D6。

图2-4 两台计算机之间的信息交换

除编码外，还包括数组、浮点数、记录、图像、声音等多种数据结构，表示层用抽象的方式来定义交换过程中使用的数据结构，并且在计算机内部表示法和网络的标准表示法之间进行转换。

表示层还负责数据的加密，并在数据的传输过程中对其进行保护。数据在发送端被加密，在接收端被解密，使用加密密钥来对数据进行加密和解密。

7）应用层

应用层是OSI参考模型的最高层，是计算机网络与最终用户间的接口，包含了系统管理员管理网络服务所涉及的所有问题和基本功能。应用层在 OSI 参考模型表示层提供的数据传输和数据表示等各种服务的基础上，为网络用户或应用程序提供完成特定网络服务功能所需要的各种应用协议。常用的网络服务包括文件服务（FTP）、电子邮件（E-mail）服务、打印服务、集成通信服务、目录服务、网络管理服务、安全服务、多协议路由与路由互联服务、分布式数据库服务及虚拟终端服务等。

2.2.3　OSI 参考模型的数据传输

网络体系结构除分层外，还对数据传输进行了规范。当发送端向接收端传输数据时，就要进行数据封装，就是在 OSI 参考模型的每一层加上协议信息。同时，每一层只与接收端的对等层进行通信。

为了实现通信并交换信息，每一层都使用协议数据单元（Protocol Data Units，PDU）。在模型中的每一层，这些含有控制信息的 PDU 被附加到数据上。PDU 通常被附加到数据的报头（Head）中，也可以被附加在数据的报尾（Tail）中。每一层的 PDU 都有特定的名称，如下。

- 物理层：比特流（Bit）。
- 数据链路层：数据帧（Frame）。
- 网络层：数据包/分组（Packet）。
- 传输层：数据段（Segment）。
- 会话层、表示层、应用层：数据（Data）。

PDU 名称取决于在每个报头中所提供的信息。这种 PDU 信息只能由接收端的对等层读取，在读取之后，报头就被剥离，把数据交给上一层。

图 2-5 展示了 OSI 参考模型的数据传输过程，每一层的数据被附加了控制信息。其中，数据链路层还要给网络层传输来的数据加上数据链路层报尾，从而形成最终的一帧数据。

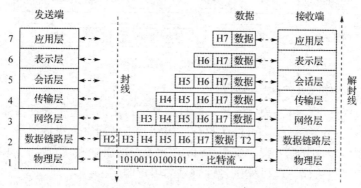

图 2-5　OSI 参考模型的数据传输过程

在发送端，数据封装过程如下。

（1）用户信息转换为数据，以便在网络上传输。

（2）数据转换为数据段，并在发送端和接收端主机之间建立一条可靠的连接。

（3）数据段转换为数据包或分组，并且在报头中放上逻辑地址，这样每个数据包或分组都可以通过网络进行传输。

（4）数据包或分组转换为帧，以便在本地网络中传输。在本地网段上，使用硬件（以太网）地址唯一表示每一台主机。

（5）帧转换为比特流，并采用数字编码和时钟方案。

注意：数据是从高层送往传输层的，解封装和封装的过程相反。

2.3　TCP/IP 体系结构

由国际化标准组织制定的网络体系结构国际标准是 OSI 参考模型，但其标准过于严格和复杂，而且研发周期长，因此，实际中应用广泛的是 TCP/IP 协议。换句话说，OSI 参考模型仅仅是理论上的、官方制定的"国际标准"，而 TCP/IP 协议是"事实标准"。换言之，也可以理解为 OSI 参考模型是"国际标准"，而 TCP/IP 协议是"生产标准"。TCP/IP 协议是一系列网络协议的总称，其目的是使计算机之间可以进行信息交换。

2.3.1　TCP/IP 体系结构模型

TCP/IP 实际上是一簇协议，包括上百个具有不同功能且互为关联的协议，因为 TCP 和 IP 是众所周知的两个协议，所以整个协议族就叫 TCP/IP。TCP/IP 体系结构模型如图 2-6 所示，是一个 4 层模型，从下到上分别为网络接口层、网络层、传输层及应用层。

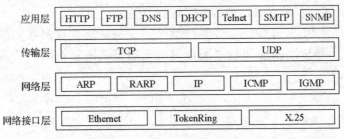

图 2-6　TCP/IP 体系结构模型

TCP/IP 体系结构模型具有以下特点。

- 开放的协议标准，可以免费使用，并且独立于特定的计算机硬件与操作系统。
- 独立于特定的网络硬件，可以运行在局域网、广域网中，更适用于互联网。
- 统一的网络地址分配方案，整个 TCP/IP 设备在网络中都具有唯一的地址。
- 标准化的高层协议，可以提供多种可靠的用户服务。

2.3.2　TCP/IP 体系结构模型各层的功能

TCP/IP 从更实用的角度出发，形成了高效率的 4 层体系结构，把 OSI 参考模型的会话层、表示层和应用层合并为应用层；把数据链路层、物理层合并为网络接口层。TCP/IP 体系结构模型和 OSI 参考模型的层次对应关系如图 2-7 所示。

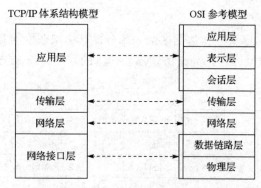

图 2-7　TCP/IP 体系结构模型和 OSI 参考模型的层次对应关系

1. 网络接口层

网络接口层（Internet Interface Layer）是 TCP/IP 体系结构模型中的底层，负责把数据包/分组发送到传输电缆上和接收 IP 数据报，是实际的网络硬件接口，对应于 OSI 参考模型的物理层和数据链路层。实际上，TCP/IP 体系结构模型并没有定义具体的网络接口协议，而是旨在提供灵活性，以适应各种网络类型，如局域网的 Ethernet、Token Ring 和分组交换网的 X.25 等，这体现了 TCP/IP 体系结构模型的兼容性和适应性，为 TCP/IP 体系结构模型的成功奠定了基础。

2. 网络层

网络层（Internet Layer）与 OSI 参考模型的网络层相当，是整个 TCP/IP 体系结构模型的关键部分，负责将发送端的报文分组发送到接收端，发送端和接收端可以在同一网络中，也可以在不同网络中。网络层的主要功能如下。

- 处理来自传输层的分组发送请求。在收到分组发送请求之后，首先将分组装入 IP 数据报，填充报头，选择发送路径，然后将数据报发送到相应的网络输出端。
- 处理接收的数据报。在接收到其他主机发送的数据报之后，检查目的地址，如果需要转发，则选择发送路径，转发出去；如果目的地址为本节点 IP 地址，则除去报头，将分组交送传输层处理。
- 处理互联的路径选择、流量控制与拥塞问题。

目前，网络层协议主要有以下几种。

- 网际协议（Internet Protocol，IP）。
- 地址解析协议（Address Resolution Protocol，ARP）。
- 反向地址解析协议（Reverse Address Resolution Protocol，RARP）。
- 网际控制报文协议（Internet Control Message Protocol，ICMP）。
- 网际组管理协议（Internet Group Management Protocol，IGMP）。

1）IP 协议

在 TCP/IP 体系结构模型中，IP 协议提供的是一种不可靠、无连接的服务，是一种"尽力而为"的服务。IP 协议将差错控制和流量控制之类的服务授权给了其他的各层协议，这正是 TCP/IP 体系结构模型能够高效率工作的一个重要保证。网络层的功能主要由 IP 协议来提供，除提供端到端的分组分发功能外，IP 协议还提供很多扩充功能。例如，为了克服数据链路层对数据帧大小的限制，网络层提供了数据分块和重组功能，这使得很大的 IP 数据报能以较小的分组在网络上传输。

IP 数据报的格式分为报头区和数据区两大部分，其中报头区包括为了正确传输高层数据而加的各种控制信息，数据区包括高层协议需要传输的数据。IP 数据报首部（报头）结构如图 2-8 所示。

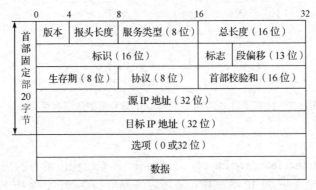

图 2-8　IP 数据报首部结构

其中，各项说明如下。

- 版本：占 4 位二进制位，表示该 IP 数据报使用的 IP 协议版本。
- 报头长度：占 4 位二进制位，指出整个报头的长度（包括选项）。
- 服务类型：占 8 位二进制位，用于规定数据报的处理方式。其中前 3 位为优先权子字段，第 4~7 位分别代表时延、吞吐量、可靠性和费用。当第 4~7 位取值为 1 时，分别代表要求的最小时延、最大吞吐量、最高可靠性和最小费用。
- 总长度：占 16 位二进制位，是指整个 IP 数据报的长度（报头区+数据区），以字节为单位，最大长度为 65535 字节。
- 标识：用来标识数据报，占 16 位二进制位。IP 协议在存储器中维持一个计数器。每产生一个数据报，计数器就加 1，并将此值赋给标识字段。
- 标志：占 3 位二进制位。第 1 位未使用，其值为 0；第 2 位称为 DF（不分片），表示是否允许分片；第三位称为 MF（更多分片），表示是否还有分片正在传输。
- 段偏移：占 13 位二进制位。当报文被分片后，该字段标记该分片在原报文中的相对位置。
- 生存期：占 8 位二进制位，指定了数据报可以在网络中传输的最长时间。在实际应用中，把生存时间字段设置成了数据报可以经过的最大路由器数。
- 协议：表示该数据报所携带的数据使用的协议类型，占 8 位二进制位。该字段可以方便目的主机知道按照什么协议来处理数据部分，不同的协议有不同的协议号。
- 首部校验和：占 16 位二进制位，用于协议头数据有效性的校验，可以保证 IP 报头区在传输时的正确性和完整性。首部校验和字段是根据 IP 协议头计算出的校验和，它不对首部后面的数据进行计算。
- 源 IP 地址、目标 IP 地址：各占 32 位二进制位，用来标明发送 IP 数据报的源主机地址和接收 IP 数据报的目标主机地址。
- 选项：该字段用于一些可选的报头设置，主要用于测试、调试和安全的目的。选项包括严格源路由（数据报必须经过指定的路由器）、网际时间戳（经过每台路由器时的时间戳记录）和安全限制等。

2）ARP 协议

在以太网协议中规定，同一局域网中的一台主机要和另一台主机进行直接通信，必须要知道目标主机的 MAC 地址（物理地址）。而在 TCP/IP 协议族中，网络层和传输层只关心目标主机的 IP 地址（逻辑地址）。这就导致在以太网中使用 IP 协议时，数据链路层的以太网协议接到上层 IP 协议提供的数据中，只包含目标主机的 IP 地址。因此需要一种方法，根据目标主机的 IP 地址，获得其 MAC 地址，这就是 ARP 协议完成的事情。地址解析（Address Resolution）就是主机在发送帧前将目标 IP 地址转换成目标 MAC 地址的过程。

如果源主机和目标主机不在同一个局域网中，即便知道目标主机的 MAC 地址，两者也不能直接通信，必须经过路由器转发才可以。所以此时，源主机通过 ARP 获得的将不是目标主机的真实 MAC 地址，而是一台可以通往局域网外的路由器的某个端口的 MAC 地址。源主机发往目标主机的所有帧，都将发往该路由器，通过它向外发送。这种情况称为 ARP 代理。

ARP 协议工作的过程如下。

（1）每台主机都有一个 ARP 列表，以缓存 IP 地址和 MAC 地址之间的对应关系。

（2）当源主机要发送数据时，先检查 ARP 列表中是否有对应的 IP 地址的目标地址的主机的 MAC 地址，如果有，则直接发送数据；如果没有，则以广播的形式向本子网内所有主机发送 ARP 数据包，该数据包包括的内容有源主机 IP 地址、源主机 MAC 地址、目标主机的 IP 地址。

（3）当本子网内的所有主机收到该 ARP 数据包时，先检查数据包中的 IP 地址是否有自己的 IP 地址，如果没有，则忽略该数据包；如果有，则首先从数据包中取出源主机的 IP 和 MAC 地址写入 ARP 列表中，如果已存在，则覆盖，然后将自己的 MAC 地址写入 ARP 响应包中，告诉源主机自己含有它想要找的 MAC 地址。

（4）源主机收到 ARP 响应包后，将目标主机的 IP 和 MAC 地址写入 ARP 列表，并利用此信息发送数据。如果源主机一直没有收到 ARP 响应包，则表示 ARP 查询失败。此时广播发送 ARP 请求，单播发送 ARP 响应包。

以主机 A（192.168.1.5）向主机 B（192.168.1.1）发送数据为例。

当发送数据时，主机 A 会在自己的 ARP 列表中寻找是否有目标 IP 地址。如果找到了，也就知道了目标 MAC 地址，直接把目标 MAC 地址写入数据帧发送即可；如果在 ARP 列表中没有找到目标 IP 地址，主机 A 就会在网络上发送一个广播（广播地址为 192.168.1.255），这表示向同一网段内的所有主机发出这样的询问："我是 192.168.1.5，我的硬件地址是主机 A 的 MAC 地址，请问 IP 地址为 192.168.1.1 的 MAC 地址是什么？"网络上其他主机均收到信息但不响应 ARP 请求（丢弃），只有主机 B 接收到这个帧时，才向主机 A 做出响应："192.168.1.1 的 MAC 地址是 00-aa-00-62-c6-09。"

这样，主机 A 就知道了主机 B 的 MAC 地址，因此可以向主机 B 发送信息了。主机 A 和主机 B 还同时更新了自己的 ARP 列表（因为主机 A 在询问时把自己的 IP 地址和 MAC 地址一起告诉了主机 B），下次主机 A 再向主机 B 或主机 B 向主机 A 发送信息时，直接从各自的 ARP 列表中查找就可以了。ARP 列表采用了老化机制（设置了生存时间 TTL），在一段时间内（一般为 15~20 分钟），如果表中的某一行没有被使用，就会被删除，这样可以大大减少 ARP 列表的长度，加快查询速度。

3）RARP 协议

将网络中某台主机的 MAC 地址转换为 IP 地址的过程是由 RARP 协议完成的。如果局域网中有一台主机只知道 MAC 地址而不知道 IP 地址，那么可以首先通过 RARP 协议发出征求自身 IP 地址的广播请求，然后由 RARP 服务器负责回答。RARP 协议广泛应用于无盘工作站引导时获取 IP 地址。RARP 协议允许局域网的物理机器从网管服务器 ARP 列表或缓存上请求其 IP 地址。

（1）主机发送一个本地的 RARP 广播，在此广播中，声明自己的 MAC 地址并请求任何收到此请求的 RARP 服务器分配一个 IP 地址。

（2）本地网段上的 RARP 服务器收到此请求后，检查自己的 RARP 列表，查找 MAC 地址对应的 IP 地址。

（3）如果存在，RARP 服务器就给源主机发送一个响应包并将此 IP 地址提供给对方主机使用；如果不存在，RARP 服务器对此不做任何的响应。

（4）源主机收到 RARP 服务器的响应信息，就利用得到的 IP 地址进行通信；如果一直没有收到 RARP 服务器的响应信息，则表示初始化失败。

4）ICMP 协议

IP 协议并不是一个可靠的协议，不能保证数据被送达，保证数据送达的工作应该由其他的模块来完成，其中一个重要的模块就是 ICMP（网络控制报文）协议。当传送 IP 数据报发生错误时，如主机不可达、路由不可达等，ICMP 协议将会首先把错误信息封包，然后传送回源主机，给源主机一个处理错误的机会，这就是建立在 IP 层以上的协议可能做到安全的原因。

ICMP 协议作为网络层的差错报文传输机制，工作原理比较简单，当数据报处理过程出现差错时，ICMP 协议向数据报的源主机报告这个差错，既不会纠正这个差错，又不会通知中间的网络设备。因为 ICMP 报文被封装在 IP 数据报内部，作为 IP 数据报的数据部分通过互联网传输。IP 数据报中的字段包含源主机和目标主机，并没有记录报文在网络传输中的全部路径（除非 IP 数据报中设置了路由记录选项）。因此当设备检测到差错时，它无法通知中间的网络设备，只能向源主机发送差错报告。源主机收到差错报告后，虽然不能判断差错是由中间哪个网络设备引起的，但是可以根据 ICMP 报文确定发生错误的类型，并确定如何才能更好地重发传输失败的数据报。

IP 数据报及其他应用程序通过 ICMP 报文可以实现多种应用，其中 Ping 命令和 Tracert 命令比较常见。

Ping 命令是常见的用于检测 IPv4 和 IPv6 网络设备是否可达的调试手段，使用 ICMP 的 Echo 信息来确定以下方面。

- 远程设备是否可达。
- 与远程主机通信的来回旅程（Round-trip）的时延。
- 报文包的丢失情况。

Tracert 命令主要用于查看数据报从源主机到目标主机的路径信息，从而检查网络连接是否可用。当网络出现故障时，用户可以使用该命令定位故障点。Tracert 命令利用 ICMP 超时信息和目的不可达信息来确定从一台主机到网络上其他主机的路由，并显示 IP 网络中每一跳的时延。

5）IGMP 协议

IGMP（互联网组管理协议）是一种互联网协议，可以使互联网上的主机向临近路由器报告它的广播组成员。

IGMP 提供了在转发组播数据报到目的地的最后阶段时所需的信息，实现如下的双向功能。

- 主机通过 IGMP 通知路由器希望接收或离开某个特定组播组的信息。
- 路由器通过 IGMP 周期性地查询局域网内的组播组成员是否处于活动状态，实现网段组成员关系的收集与维护。

IGMP 共有三个版本，即 IGMP v1、IGMP v2 和 IGMP v3。

3. 传输层

在 TCP/IP 体系结构模型中，传输层（transport layer）是第三层，主要负责应用程序到应用程序之间的端对端通信。传输层的主要功能是在互联网中发送端与接收端的对等实体间建立用于会话的端对端连接。传输层主要有两个协议：传输控制协议（Transmission Control Protocol，TCP）和用户数据报协议（User Datagram Protocol，UDP）。

1）TCP 协议

TCP 协议提供一种面向连接的可靠的服务，面向连接意味着彼此通信的双方在交换数据之前，必须先建立一个 TCP 连接，类似于打电话的过程，首先拨号振铃，等待对方说"喂"，然后应答。

一个 TCP 连接必须要经过三次对话才能建立起来，来看看这三次对话的简单过程。

第一次对话：主机 A 向主机 B 发送连接请求数据包，"我想给你发数据，可以吗？"

第二次对话：主机 B 向主机 A 发送同意连接和要求同步（同步就是两台主机一个在发送，一个在接收，协调工作）的数据包，"可以，你什么时候发？"

第三次对话：主机 A 再发出一个数据包确认主机 B 的要求同步，"我现在就发，你接着吧！"

三次对话的目的是使数据包的发送和接收同步，经过三次对话之后，主机 A 才向主机 B 正式发送数据。因此，所谓的"三次握手"（Three-way Handshake），是指建立一个 TCP 连接时，需要客户端和服务器总共发送 3 个数据包。

首先客户端发送连接请求报文，服务器接收连接请求报文后回复 Ack 报文，并为这次连接分配资源。客户端接收到 Ack0 报文后向服务器发送 Ack 报文，并分配资源，这样 TCP 连接就建立了。其中，seq 表示序号，占 32 位，用来标识从 TCP 源端向目的端发送的字节流，发起方发送数据时对此进行标记；ACK 标识确认序号有效；SYN 标识发起一个新连接；FIN 标识释放一个连接。"三次握手"的具体连接过程如下。

第一次握手：客户端向服务器端发送一段 TCP 报文。

- 标识位为 SYN，表示"请求建立新连接"。
- 序号为 seq=x（x 一般为 1），随后客户端进入 SYN_SENT 阶段。

第二次握手：服务器接收到来自客户端的 TCP 报文之后，结束 LISTEN 阶段，并返回一段 TCP 报文。

- 标识位为 SYN 和 Ack，表示"确认客户端的报文 seq 序号有效，服务器能正常接收客户端发送的数据，并同意建立新连接"（告诉客户端，服务器收到了你的数据）。
- 序号为 seq=y；确认号为 Ack=$x+1$，表示收到客户端的序号 seq 并将其值加 1 作为自己确认号 Ack 的值；随后服务器进入 SYN_RCVD 阶段。

第三次握手：客户端接收到来自服务器的确认收到数据的 TCP 报文之后，明确了从客户端到服务器的数据传输是正常的，结束 SYN_SENT 阶段，并返回最后一段 TCP 报文。

- 标识位为 Ack，表示"确认收到服务器同意连接的信号"（告诉服务器，我知道你收到我发的数据了）。
- 序号为 seq=x+1，表示收到服务器的确认号 Ack，并将其值作为自己的序号。
- 确认号为 Ack=y+1，表示收到服务器序号 seq，并将其值加 1 作为自己的确认号 Ack，随后客户端进入 ESTABLISHED 阶段。

服务器收到来自客户端的"确认收到服务器数据"的 TCP 报文之后，明确了从服务器到客户端的数据传输是正常的。结束 SYN_SENT 阶段，进入 ESTABLISHED 阶段。

在客户端与服务器传输的 TCP 报文中，双方的确认号 Ack 和序号 seq 的值，都是在彼此 Ack 和 seq 值的基础上进行计算的，这样做保证了 TCP 报文传输的连贯性。一旦出现某一方发出的 TCP 报文丢失，便无法继续"握手"，以此确保了"三次握手"的顺利完成。TCP 连接的"三次握手"与"四次挥手"过程如图 2-9 所示。

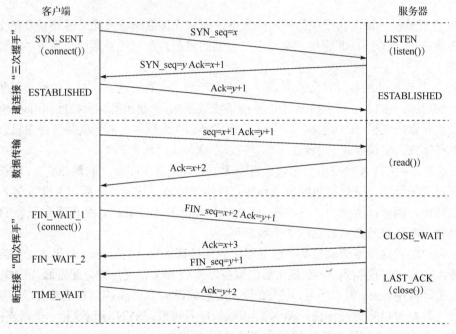

图 2-9   TCP 连接的"三次握手"与"四次挥手"过程

TCP 连接的拆除需要发送四个包，因此称为"四次挥手"（Four-way Handshake）。客户端或服务器均可主动发起挥手动作（中断连接），具体过程如下。

第一次挥手：客户端想要释放连接，向服务器发送一段 TCP 报文。

- 标识位为 FIN，表示"请求释放连接"。
- 序号为 seq=x+2。

随后客户端进入 FIN_WAIT_1 阶段，即半关闭阶段，并且停止从客户端到服务器发送数据，但是客户端仍然能接收从服务器传输过来的数据。

注意：这里不发送的是正常连接时传输的数据（非确认报文），而不是一切数据，所以客户端仍然能发送 Ack 确认报文。

第二次挥手：服务器接收到从客户端发出的 TCP 报文之后，确认了客户端想要释放连接，随后服务器结束 ESTABLISHED 阶段，进入 CLOSE_WAIT 阶段（半关闭状态）并返回一段 TCP 报文。

- 标识位为 Ack，表示"接收到客户端发送的释放连接的请求"。
- 确认号为 Ack=x+3，表示在收到客户端报文的基础上，将其序号 seq 值加 1 作为本段报文确认号 Ack 的值。

随后服务器开始准备释放从服务器到客户端的连接。客户端收到从服务器发出的 TCP 报文之后，确认了服务器收到了客户端发出的释放连接请求，客户端结束 FIN_WAIT_1 阶段，进入 FIN_WAIT_2 阶段

前"两次挥手"既让服务器知道了客户端想要释放连接，又让客户端知道了服务器了解了自己想要释放连接的请求。于是，可以确认已经关闭了从客户端到服务器的连接。

第三次挥手：服务器自从发出 Ack 确认报文之后，经过 CLOSED_WAIT 阶段，做好了释放从服务器到客户端的连接的准备，再次向客户端发出一段 TCP 报文。

- 标识位为 FIN 和 Ack，表示"已经准备好释放连接了"。
- 序号为 seq=y+1。

随后服务器端结束 CLOSE_WAIT 阶段，进入 LAST_ACK 阶段，并且停止从服务器到客户端发送数据，但是服务器仍然能够接收从客户端传输过来的数据。

第四次挥手：客户端收到从服务器发出的 TCP 报文，确认了服务器已做好释放连接的准备，结束 FIN_WAIT_2 阶段，进入 TIME_WAIT 阶段，并向服务器发送一段报文。

- 标识位为 Ack，表示"接收到服务器准备好释放连接的信号"。
- 确认号为 Ack=y+2，表示在收到了服务器报文的基础上，将其序号 seq 值作为本段报文确认号的值。

随后客户端开始在 TIME_WAIT 阶段等待 2MSL，服务器收到从客户端发出的 TCP 报文之后结束 LAST_ACK 阶段，进入 CLOSED 阶段。由此正式确认关闭从服务器到客户端的连接。客户端等待完 2MSL 之后，结束 TIME_WAIT 阶段，进入 CLOSED 阶段，由此完成"四次挥手"。

后"两次挥手"既让客户端知道了服务器准备好释放连接了，又让服务器知道了客户端了解了自己准备好释放连接了。于是，可以确认已经关闭了从服务器到客户端的连接，由此完成"四次挥手"。

与"三次握手"一样，在客户端与服务器传输的 TCP 报文中，双方的确认号 Ack 和序号 seq 的值，都是在彼此 Ack 和 seq 值的基础上进行计算的，这样做保证了 TCP 报文传输的连贯性，一旦出现某一方发出的 TCP 报文丢失，便无法继续"挥手"，以此确保了"四次挥手"的顺利完成。

【"三次握手"与"四次挥手"比喻小故事】

把客户端比作男孩，服务器比作女孩，用他们的交往来说明"三次握手"过程。

第一次握手：男孩喜欢女孩，于是写了一封信告诉女孩，"我爱你，请和我交往吧！"。写完信之后，男孩焦急地等待，因为不知道这封信能否顺利传达给女孩。

第二次握手：女孩收到男孩的信后，心花怒放，"原来我们是两情相悦呀！"于是女孩给男孩写了一封回信，"我收到你的信了，也明白了你的心意，其实，我也喜欢你！我愿意和你交往！"写完信之后，女孩也焦急地等待，因为不知道回信能否顺利传达给男孩。

第三次握手：男孩收到回信之后很开心，因为发出的信女孩收到了，而且从回信中知道了女孩喜欢自己，并愿意和自己交往。于是男孩又写了一封信告诉女孩，"你的心意和信我都收到了，谢谢你，还有我爱你！"。

由此男孩、女孩都知道了彼此的心意，之后就快乐地交流起来了。期间一共往来了三封信也就是"三次握手"，以此确认两个方向上的信息传输是否正常。

通过男孩女孩的分手来说明"四次挥手"过程。

第一次挥手：日久见人心，男孩发现女孩变成了自己讨厌的样子，忍无可忍，于是决定分手，随即写了一封信告诉女孩。

第二次挥手：女孩收到信之后，知道了男孩要和自己分手，怒火中烧，心中暗骂，"哼，当初你可不是这个样子的！"于是立刻给男孩写了一封回信，"分手就分手，给我点时间，我要把你的东西整理好，全部还给你！"男孩收到女孩的第一封信之后，明白了女孩知道自己要和她分手。随后等待女孩把自己的东西收拾好。

第三次挥手：过了几天，女孩把男孩送的东西都整理好了，于是再次写信给男孩，"你的东西我整理好了，快把它们拿走，从此你我恩断义绝！"。

第四次挥手：男孩收到女孩第二封信之后，知道女孩收拾好东西了，可以正式分手了，于是再次写信告诉女孩，"我知道了，这就去拿回来！"。

这里双方都有各自的坚持。女孩自发出第二封信开始，限定一天内收不到男孩回信，就会再发一封信催促男孩来取东西！男孩自发出第二封信开始，限定若两天内没有再次收到女孩的信就认为，女孩收到了自己的第二封信；若两天内再次收到女孩的信，就认为自己的第二封信女孩没收到，需要再写一封信，再等两天。倘若双方的信都能正常收到，那么最少用四封信就能彻底分手！这就是"四次挥手"。

2）UDP 协议

UDP 协议为应用程序提供了一种无须建立连接就可以发送封装的 IP 数据报的方法。UDP 协议不提供差错纠正、队列管理、重复消除、流量控制和拥塞控制功能，但提供差错检测功能。

UDP 协议的主要特点如下。

- UDP 协议是无连接的，即发送数据之前不需要建立连接，因此减少了开销和发送数据之前的时延。
- UDP 协议使用尽最大努力交付，即不保证可靠交付，因此主机不需要维持复杂的连接状态表。
- UDP 协议是面向报文的。发送方的 UDP 协议对应用程序交下来的报文，在添加首部后就向下交付 IP 层。UDP 协议对应用层交下来的报文，既不合并，又不拆分，而是保留这些报文的边界。因此，应用程序必须选择合适大小的报文。
- UDP 协议没有拥塞控制，因此网络出现的拥塞不会使源主机的发送速率降低。很多的实时应用（如 IP 电话、实时视频会议等）要求源主机以恒定的速率发送数据，并且允许在网络发生拥塞时丢失一些数据，但不允许数据有太多的时延，UDP 协议正好符合这种要求。
- UDP 协议支持一对一、一对多、多对一和多对多的交互通信。
- UDP 协议的首部开销小，只有 8 字节，比 TCP 的 20 字节的首部要短。

4. 应用层

应用层（Application Layer）是 TCP/IP 体系结构模型中的最高层，应用层包括所有的高层协议，并且总是不断有新的协议加入。目前，应用层协议主要有以下几种。

- 远程登录协议（Telecommunication Network Protocol，Telnet）。

- 超文本传输协议（Hyper Text Transfer Protocol，HTTP）。
- 文件传输协议（File Transfer Protocol，FTP）。
- 域名系统（Domain Name System，DNS）协议。
- 动态主机配置协议（Dynamic Host Configuration Protocol，DHCP）。
- 简单邮件传输协议（Simple Mail Transfer Protocol，SMTP）。
- 简单网络管理协议（Simple Network Management Protocol，SNMP）。

1）Telnet 协议

Telnet 协议是 TCP/IP 协议族中的一员，是 Internet 远程登录服务的标准协议和主要方式。它为用户提供了在本地计算机上完成远程主机工作的能力。

在终端使用者的计算机上使用 Telnet 程序，用它连接到服务器。终端使用者可以在 Telnet 程序中输入命令，这些命令会在服务器上运行，就像直接在服务器的控制台上输入一样，这样终端使用者在本地就能控制服务器。

要开始一个 Telnet 会话，必须输入用户名和密码来登录服务器，Telnet 协议是常用的远程控制 Web 服务器的方法。

2）HTTP 协议

HTTP 协议和 TCP/IP 协议族内的其他众多的协议相同，用于客户端和服务器之间的通信。请求访问文本或图像等资源的一端称为客户端，而提供资源响应的一端称为服务器，客户端与服务器之间的通信如图 2-10 所示。

图 2-10　客户端与服务器之间的通信

HTTP 协议的主要特点如下。

- 简单快速：当客户端向服务器发送请求时，首先只需要简单地填写请求路径和请求方法，然后就可以通过浏览器或其他方式将该请求发送。
- 灵活：HTTP 协议允许客户端和服务器传输任意类型、任意格式的数据对象。
- 无连接：无连接的含义是限制每次连接只处理一个请求。服务器处理完客户端的请求，并收到客户端的应答后，即断开连接，采用这种方式可以节省传输时间。
- 无状态：指协议对于事务处理没有记忆能力，服务器不知道客户端是什么状态，即客户端发送 HTTP 请求后，服务器根据请求发送数据，发送完后，不会记录信息。

HTTP 协议使用统一资源标识符（Uniform Resource Locator，URL）来传输数据和建立连接。URL 是一个网页地址，就像每家每户都有一个门牌地址一样，每个网页也都有一个 Internet 地址。当用户在浏览器的地址栏中输入一个 URL 或单击一个超级链接时，就确定了要浏览的地址。浏览器通过 HTTP 协议将 Web 服务器上站点的网页代码提取出来，并翻译成直观的网页。

一个完整的 URL 包括以下部分（以 http://www.abc.com/china/index.htm 为例）。

- http://：代表 HTTP 协议，通知 abc.com 服务器显示 Web 页，通常可以不用输入。
- www.：代表一个 Web（万维网）服务器。

- abc.com/：载有网页的服务器的域名或站点服务器的名称。
- china/：该服务器上的子目录，类似于计算机中的文件夹。
- index.htm：文件夹中的一个 HTM 文件（网页）名称。

HTTPS（Hyper Text Transfer Protocol over Secure Socket Layer）协议即超文本传输安全协议，是以安全为目标的 HTTP 通道，在 HTTP 协议的基础上通过传输加密和身份验证保证了传输过程的安全性。HTTPS 协议在 HTTP 协议的基础上加入了 SSL 层，HTTPS 协议的安全基础是 SSL 协议，因此加密的详细内容就需要参考 SSL 协议。HTTPS 协议存在不同于 HTTP 协议的默认端口及一个加密/身份验证层（在 HTTP 协议与 TCP 协议之间）。这个系统提供了身份验证与加密通信方法，被广泛用于 Web 上安全敏感的通信，如交易支付等方面。

3）FTP 协议

FTP 协议用于主机之间的文件交换。FTP 协议作为网络共享文件的传输协议，在网络应用软件中具有广泛的应用。FTP 协议的目标是提高文件的共享性和可靠高效地传输数据。FTP 协议使用 TCP 协议进行数据传输，是一个可靠的、面向连接的文件传输协议。FTP 协议支持二进制数文件和 ASCII 码文件。

在传输文件时，FTP 客户端程序首先与服务器建立连接，然后向服务器发送命令。服务器收到命令后给予响应，并执行命令。也就是说，通过 FTP 协议，就可以和 Internet 上的 FTP 服务器进行文件的上传（Upload）或下载（Download）等动作。

FTP 协议与操作系统无关，任何操作系统上的程序只要符合 FTP 协议，就可以相互传输数据。默认情况下 FTP 协议使用 TCP 端口中的 20 号和 21 号两个端口，其中 20 号端口用于传输数据，21 号端口用于传输控制信息。

4）DNS 协议

Internet 上计算机之间的 TCP/IP 通信是通过 IP 地址来进行的。因此，Internet 上的计算机都应有一个 IP 地址作为它们的唯一标识。DNS（Domain Name System，域名系统）是 Internet 上进行域名和 IP 地址互相映射的一个分布式数据库，能够使用户更方便地访问互联网，而不用去记住能够被机器直接读取的 IP 地址。通过主机名，最终得到该主机对应的 IP 地址的过程叫作域名解析（或主机名解析）。这个解析过程是通过正向查询（根据域名查找对应的 IP 地址）或反向查询（根据 IP 地址查找对应的域名）来完成的。DNS 协议运行在 UDP 协议之上，使用 53 号端口。

DNS 是以域名为索引的，每个域名实际上就是一棵很大的逆向树，这棵逆向树称为域名空间（Domain Name Space）。DNS 域名结构如图 2-11 所示。

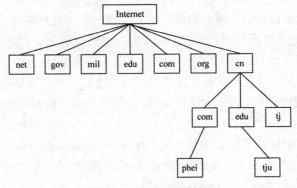

图 2-11　DNS 域名结构

域名的典型结构：计算机主机名.机构名.网络名.顶级域名。

例如，www.tsinghua.edu.cn 指的是中国（cn）教育类（edu）清华大学（tsinghua）Web 主机（www）。

常用的顶级域名如表 2-2 所示。

表 2-2　常用的顶级域名

域　名	含　义	域　名	含　义	域　名	含　义
gov	政府部门	ca	加拿大	edu	教育类
com	商业类	fr	法国	net	网络机构
mil	军事类	hk	中国香港	int	国际机构
cn	中国	info	信息服务	org	非营利组织

DNS 域名解析过程如下。

（1）在浏览器中输入 http://www.cswu.cn 域名，操作系统会检查自己本地的 hosts 文件是否有这个网址映射关系，如果有，就调用这个 IP 地址映射，完成域名解析；如果没有，则查找本地 DNS 解析器缓存是否有这个网址映射关系，如果有，直接返回，完成域名解析。

（2）如果 hosts 文件与本地 DNS 解析器缓存都没有相应的网址映射关系，则查询 TCP/IP 参数中设置的首选 DNS 服务器（本地 DNS 服务器），此服务器收到查询时，如果要查询的域名包含在本地配置区域资源中，则返回解析结果给客户端，完成域名解析。

（3）如果要查询的域名不在本地 DNS 服务器的本地区域文件中解析，但该服务器已缓存了此网址映射关系，则调用这个 IP 地址映射，完成域名解析。

（4）如果本地 DNS 服务器的本地区域文件解析与缓存解析都失效，则根据本地 DNS 服务器的设置（是否设置转发器）进行查询，如果未用转发模式，本地 DNS 服务器就把请求发至根 DNS 服务器，根 DNS 服务器收到请求后会判断这个域名（.cn）是由谁来授权管理的，并会返回一个负责该顶级域名服务器的 IP 地址。本地 DNS 服务器收到 IP 地址后，将会联系负责.cn 域的这台服务器。这台负责.cn 域的服务器收到请求后，如果自己无法解析，就会找一个管理.cn 域的下一级 DNS 服务器地址（http://cswu.cn）给本地 DNS 服务器。当本地 DNS 服务器收到这个地址后，就会找 http://www.cswu.cn 域服务器，重复上面的动作，进行查询，直至找到 http://www.cswu.cn 主机。

（5）如果用了转发模式，本地 DNS 服务器就会把请求转发至上一级 DNS 服务器，由上一级 DNS 服务器进行解析，上一级 DNS 服务器如果不能解析，则或者找根 DNS 服务器或者把请求转至上上级 DNS 服务器，以此循环。无论使用哪种模式，最后都会把结果返回给本地 DNS 服务器，由此 DNS 服务器返回给客户端。

5）DHCP 协议

DHCP 协议是一种简化主机 IP 地址分配管理的 TCP/IP 标准协议。它能够动态地向网络中每台设备分配独一无二的 IP 地址，并提供安全、可靠、简单的 TCP/IP 网络配置，确保不发生地址冲突，帮助维护 IP 地址的使用。DHCP 协议使用 UDP 协议工作，常用的两个端口：67 号端口（DHCP Server）、68 号端口（DHCP Client）。

要使用 DHCP 方式动态分配 IP 地址，整个网络必须至少有一台安装了 DHCP 服务的服务器。其他要使用 DHCP 功能的客户端必须要有支持自动向 DHCP 服务器索取 IP 地址的功能。DHCP 协议的实现分为以下四步，如图 2-12 所示。

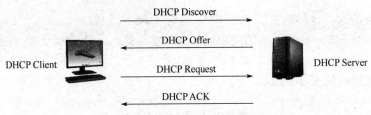

图 2-12　DHCP 协议的实现过程

第一步：DHCP Client 在局域网内发送一个 DHCP Discover 包，目的是想发现能够给它提供 IP 地址的 DHCP Server。

第二步：可用的 DHCP Server 接收到 DHCP Discover 包之后，通过发送 DHCP Offer 包给予 DHCP Client 应答，意在告诉 DHCP Client 自己可以提供 IP 地址。

第三步：DHCP Client 接收到 DHCP Offer 包之后，发送 DHCP Request 包请求分配 IP 地址。

第四步：DHCP Server 发送 DHCP ACK 包，确认信息。

使用 DHCP 的好处：减少管理员的工作量、避免输入错误的可能、避免 IP 地址冲突、提高 IP 地址的利用率和方便客户端的配置。

6）SMTP 协议

SMTP 协议是一种 TCP 协议支持的提供可靠且有效电子邮件传输功能的应用层协议。SMTP 服务是建立在 FTP 文件传输服务上的一种邮件服务，主要用于系统之间的邮件信息传输，并提供有关来信的通知。SMTP 协议规定了由源地址到目的地址传输邮件的规则，由它来控制邮件的中转方式。SMTP 协议属于 TCP/IP 协议族，帮助每台计算机在发送或中转邮件时找到下一个目的地。通过 SMTP 协议指定的服务器，就可以把邮件寄到收件人的服务器上了，整个过程只要几分钟。

SMTP 协议工作过程简单描述：运行在发送端邮件服务器主机上的 SMTP 客户，发起建立一个到运行在接收端邮件服务器主机上的 SMTP 服务器 25 号端口之间的 TCP 连接。如果接收邮件端服务器当前没有响应，SMTP 客户就等待一段时间后再尝试建立该连接。

7）SNMP 协议

SNMP 协议是 TCP/IP 协议族中的应用层协议。由于其简单可靠，提供了一种监控和管理网络设备的系统方法，因此 SNMP 协议受到了众多厂商的欢迎，成为目前应用最为广泛的网管协议。

SNMP 协议的基本思想：为不同种类、厂商、型号的设备，定义一个统一的接口和协议，使管理员可以使用统一的外观管理网络设备。通过网络，管理员可以管理位于不同物理空间的设备，从而大大提高网络管理的效率，简化网络管理员的工作。

SNMP 协议主要包括 SNMP v1、SNMP v2 和 SNMP v3。

- SNMP v1：最初版本的 SNMP 协议，存在较多安全缺陷，目前使用较少。
- SNMP v2：采用团体名认证，在兼容 SNMP v1 的同时扩充了 SNMP v1 的功能，扩展了数据类型，支持分布式网络管理，可以实现大量数据的传输，提高了效率和性能，丰富了故障处理能力。
- SNMP v3：最新版本的 SNMP 协议，相对于 SNMP v2 版本，在安全性上得到了重要提升，增加了对身份验证和密文传输的支持。

SNMP 管理模型由 4 个部分组成：SNMP 管理站、SNMP 代理、MIB（管理信息库）和

SNMP 管理协议。

- SNMP 管理站（Management Station）：通常被称为网络管理工作站（NMS），负责收集维护各个 SNMP 元素的信息，通过 UDP 协议向 SNMP 代理发送各种命令，当 SNMP 代理收到命令后，对收集的信息进行处理，并返回 SNMP 管理站需要的参数。此时被管理对象中一定要有代理进程，这样才能响应管理站发送的请求。
- SNMP 代理（Agent）：运行在各个被管理的网络节点之上，负责统计该节点的各项信息，并且负责与 SNMP 管理站交互，接收并执行管理站的命令，上传各种本地的网络信息。
- MIB（管理信息库）：对象的集合，代表网络中可以管理的资源和设备。
- SNMP 管理协议：用于管理站与 SNMP 代理之间通信的规则。SNMP 管理站与 SNMP 代理之间利用 SNMP 报文进行通信，而 SNMP 报文使用 UDP 协议来传输，由于采用 UDP 协议，因此不需要在 SNMP 代理和 SNMP 管理站之间保持连接。

2.3.3　IPv4 编址及子网划分

IPv4（Internet Protocol version 4，IPv4）是互联网的核心，也是使用最广泛的网际协议版本。根据 TCP/IP 协议可知，连接在 Internet 上的每台设备都必须有一个 IP 地址（逻辑地址）。

1. IP 地址结构

IPv4 地址由 32 位二进制数组成，分为 4 段（4 字节），每段 8 位二进制数（1 字节），分别使用 1 个十进制数表示，每段之间用"."分隔，如 192.168.0.1，这种表示方式称为点分十进制。

每个 IP 地址分为两个部分，分别是网络号（又称网络 ID）与主机号（又称主机 ID），如图 2-13 所示。网络号用来辨认网络，在这个网络中所有的主机拥有相同的网络号；主机号用来辨认同一个网络中的主机，在同一个网络中所有的主机号必须唯一。

网络号相同的主机称为本地网络主机，网络号不相同的主机称为远程网络主机。本地网络主机可以直接相互通信；远程网络主机要相互通信必须通过本地网关（Gateway）转发数据。

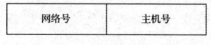

图 2-13　IP 地址的组成

2. IP 地址的分类

为了更好地管理和使用 IP 地址资源，Internet 委员会将 IP 地址资源划分为 5 类，分别为 A 类、B 类、C 类、D 类和 E 类，每一类地址定义了网络数量和每个网络中能容纳的主机数量，也就是定义了网络号占用的位数和主机号占用的位数，如图 2-14 所示。

1）A 类地址

A 类 IP 地址的最高位为"0"，接下来的 7 位表示网络号，其余的 24 位作为主机号，所以 A 类的网络地址范围为 00000001～01111110，用十进制数表示就是 1～126（0 和 127 留作别用），这样算来 A 类共有 126 个网络，每个网络有 16777214（$2^{24}-2$）台主机，如此多的主机数量，显然只有分配给特大型机构。

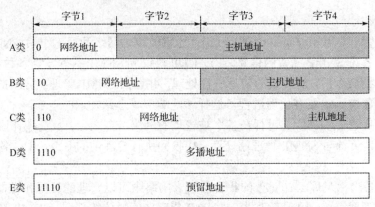

图 2-14　IP 地址的分类

2）B 类地址

B 类 IP 地址的前两位为"10"，接下来的 14 位表示网络号，其余的 16 位作为主机号，用十进制数表示就是 128～191，这样算来 B 类共有 16384 个网络，每个网络有 65534（2^{16}–2）台主机，一般分配给中等规模的网络。

3）C 类地址

C 类 IP 地址的前 3 位为"110"，接下来的 21 位表示网络号，其余的 8 位作为主机号，用十进制数表示就是 192～223，这样算来 C 类共有 2097152 个网络，每个网络会有 254（2^{8}–2）台主机，一般分配给小规模的网络。

4）D 类地址

D 类 IP 地址的前 4 位为"1110"，用十进制数表示就是 224～239，凡以此类数开头的地址均被视为 D 类地址。D 类地址只用来进行组播，利用组播地址可以把数据发送到特定的多台主机。

5）E 类地址

E 类 IP 地址的前 5 位为"11110"，用十进制数表示就是 240～254，凡以此类数开头的地址均被视为 E 类地址。E 类地址不用来分配用户使用，只用来进行实验和科学研究。

3．特殊的 IP 地址

除以上 5 类 IP 地址外，还有一些特殊的 IP 地址，如表 2-3 所示。

表 2-3　特殊的 IP 地址

网 络 地 址	主 机 地 址	地 址 类 型	用 途
Any	全"0"	网络地址	代表一个网段
Any	全"1"	广播地址	某网段的所有节点
127	Any	环回地址	环回测试
全"0"		默认路由地址	路由器中指定默认路由地址

（1）网络地址。网络地址包含一个有效的网络号和一个全为"0"的主机号，用于表示一个网络，如 192.168.1.0。

（2）广播地址。广播地址包含一个有效的网络号和一个全为"1"的主机号，用于在一个网络中同时向所有工作站进行信息发送，如 192.168.1.255。

（3）环回地址。IP 地址 127.0.0.0 是一个保留地址，用于网络软件测试及本地计算机进程间通信，这种地址称为环回地址。

（4）默认路由地址。在路由地址中，0.0.0.0 表示的是默认路由地址，即当路由表中没有找到完全匹配的路由地址的时候所对应的路由地址。

4．子网掩码

从 IP 地址中知道，每一个 A 类网络能容纳 16777214 台主机，它们处于同一个广播域中。而在同一个广播域中有这么多节点是不可能的，网络会因为广播通信而饱和，造成大部分 IP 地址没有分配出去。而 C 类网络的网络号太多，每个 C 类网络只能容纳 254 台主机。因此，在实际应用中，一般以子网的形式将主机分布在若干个物理地址上。常常需要将大型的网络划分为若干个小网络，这些小网络称为子网。

子网的产生能够增加寻址的灵活性。划分子网的作用主要有三点。

- 隔离网络广播在整个网络的传播，提高信息的传输率。
- 在小规模的网络中，细分网络，起到节约 IP 地址资源的作用。
- 进行网段划分，提高网络安全性。

在 TCP/IP 体系结构模型中采用了子网掩码的方法进行子网划分。子网掩码（Subnet Mask）是与 IP 地址结合使用的一种技术，用来划分子网的网段和遮掩部分 IP 地址，即用来划分 IP 地址中哪一部分是网络号，哪一部分是主机号。

与 IP 地址相同，子网掩码的长度也是 32 位二进制数，其对应网络地址的所有位都置为 1，对应主机地址的所有位都置为 0。由此可知，A 类网络的默认子网掩码是 255.0.0.0，B 类网络的默认子网掩码是 255.255.0.0，C 类网络的默认子网掩码是 255.255.255.0。

子网掩码与 IP 地址一样，常用点分十进制表示，还可以用 CIDR（Classless Inter-Domain Routing，无类别域间路由）的网络前缀法表示，即"/<网络地址位数>；"。例如，138.96.0.0/16 表示 B 类网络 138.96.0.0 的子网掩码为 255.255.0.0；192.168.1.0/24 表示 C 类网络 192.168.1.0 的子网掩码为 255.255.255.0。

IP 地址与默认子网掩码如图 2-15 所示。

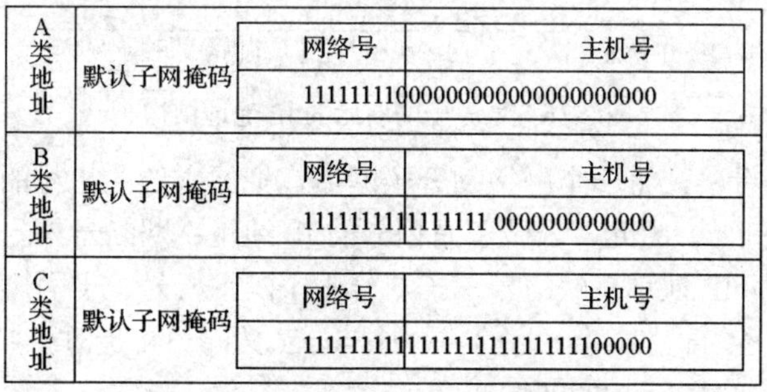

A类地址	默认子网掩码	网络号	主机号
		11111111	000000000000000000000000

B类地址	默认子网掩码	网络号	主机号
		1111111111111111	0000000000000000

C类地址	默认子网掩码	网络号	主机号
		111111111111111111111111	00000000

图 2-15　IP 地址与默认子网掩码

将子网掩码和 IP 地址按位进行逻辑与运算，得到 IP 地址的网络地址，剩下的部分就是主机地址，从而区分出任意 IP 地址中的网络地址和主机地址，同时可以判断不同的 IP 地址是在本地网络上（同一网段），还是在远程网络上（不同网段）。

例如，有两台主机：主机 A 的 IP 地址为 222.21.160.6，子网掩码为 255.255.255.192；主机 B 的 IP 地址为 222.21.160.73，子网掩码为 255.255.255.192，主机 A 和主机 B 的 IP 地址与子网掩码相"与"如表 2-4 和表 2-5 所示。

表2-4　主机 A 的 IP 地址与子网掩码相"与"

主机 A	IP 地址	222.21.160.6	11011110.00010101.10100000.00000110
	子网掩码	255.255.255.192	11111111.11111111.11111111.11000000
	按位逻辑与运算结果		11011110.00010101.10100000.00000000
	十进制结果		222.21.160.0

表2-5　主机 B 的 IP 地址与子网掩码相"与"

主机 B	IP 地址	222.21.160.73	11011110.00010101.10100000.01001001
	子网掩码	255.255.255.192	11111111.11111111.11111111.11000000
	按位逻辑与运算结果		11011110.00010101.10100000.01000000
	十进制结果		222.21.163.64

可以看出，主机 A 的 IP 地址与子网掩码相"与"的结果和主机 B 的 IP 地址与子网掩码相"与"的结果是不同的，说明主机 A 和主机 B 不在同一网段，属于远程网络。如果主机 A 与主机 B 要通信，则需要借助网关。如果两台主机的 IP 地址与各自的子网掩码相"与"的结果是相同的，则说明两台主机在相同网段，属于本地网络，可以直接通信。

5．子网划分

IPv4 地址如果只使用类别（A 类、B 类、C 类）来划分，会造成大量的浪费或不够用，为了解决这个问题，可以在有类网络的基础上，通过对 IP 地址的主机号进行再划分，把一部分划入网络号，就能划分各种类型大小的网络了。有一个标准的 B 类地址，将其划分为 256 个子网，划分子网前后的 IP 地址结构如图 2-16 所示。

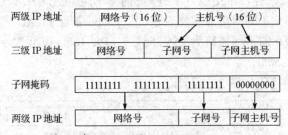

图 2-16　划分子网前后的 IP 地址结构

从图 2-16 中可以看出，将一个网络划分子网后，把原本的主机号的一部分给了子网号，余下的给了子网的主机号。因此，未做子网划分的 IP 地址：网络号＋主机号，子网掩码为默认的。做子网划分后的 IP 地址：网络号＋子网号＋子网主机号，子网掩码则根据网络号全部置为 1，主机号全部置为 0 的原则自定义子网掩码，如 255.255.255.192（11111111.11111111.11111111.11000000）。

在划分子网时，首先要明确划分后所要得到的子网数量和每个子网中所要拥有的主机数量，然后才能确定需要从原主机位借出的子网标识位数。因此，在划分子网时，随着子网地址借用主机位数的增多，子网的数量随之增多，而每个子网中的可用主机数量逐渐减少。

以 C 类网络为例，原有 8 位主机位，那么有 2^8=256 个主机地址，默认子网掩码为255.255.255.0。借用 1 位主机位，产生 2^1=2 个子网，每个子网有 2^7-2=126 个主机地址；借用2 位主机位，产生 2^2=4 个子网，每个子网有 2^6-2=62 个主机地址……在每个子网中，第一个IP 地址（主机位全部为 0 的 IP 地址）和最后一个 IP 地址（主机位全部为 1 的 IP 地址）不能分配给主机使用，所以每个子网的可用 IP 地址量数为总 IP 地址数量减 2；根据子网号借用的主机位数，可以计算出划分的子网数、子网掩码、每个子网主机数，如表 2-6 所示。

从表 2-6 中可以看出，若子网占用 7 位主机位，则主机位只剩一位，无论设为 0 还是 1，都意味着主机位是全 0 或全 1。由于主机位全 0 表示本网络，全 1 留作广播地址，这时子网实际没有可用主机地址，所以主机位至少应保留 2 位。

表 2-6　C 类网络子网划分

子网位数/位	子网数/个	子网掩码		每个子网主机数/台
1	2	11111111.11111111.11111111.10000000	255.255.255.128	126
2	4	11111111.11111111.11111111.11000000	255.255.255.192	62
3	8	11111111.11111111.11111111.11100000	255.255.255.224	30
4	16	11111111.11111111.11111111.11110000	255.255.255.240	14
5	32	11111111.11111111.11111111.11111000	255.255.255.248	6
6	64	11111111.11111111.11111111.11111100	255.255.255.252	2

例如，将某 C 类网络 200.161.30.0 划分成 4 个子网，计算每个子网的有效的主机 IP 地址范围和对应的子网掩码。

C 类网络的默认子网掩码为 255.255.255.0，即前 3 段 200.161.30 为网络号，子网划分从第 4 段开始。现需要划分 4 个子网，则需要用主机号的 2 位，$2^2=4$。因此子网掩码为 11111111.11111111.11111111.11000000，即 255.255.255.192。划分后的子网地址如表 2-7 所示，子网的有效 IP 地址范围如表 2-8 所示。

表 2-7　划分后的子网地址

子网地址	二进制数形式	十进制数形式
子网 1 的网络地址	200.161.30. 00 000000	200.161.30.0
子网 2 的网络地址	200.161.30. 01 000000	200.161.30.64
子网 3 的网络地址	200.161.30. 10 000000	200.161.30.128
子网 4 的网络地址	200.161.30. 11 000000	200.161.30.192

表 2-8　子网的有效 IP 地址范围

子网	二进制数形式	十进制数形式
子网 1	200.161.30.00 000001～200.161.30.00 111110	200.161.30.1～200.161.30.62
子网 2	200.161.30.01 000001～200.161.30.01 111110	200.161.30.65～200.161.30.126
子网 3	200.161.30.10 000001～200.161.30.10 111110	200.161.30.129～200.161.30.190
子网 4	200.161.30.11 000001～200.161.30.11. 111110	200.161.30.193～200.161.30.254

2.3.4　IPv6 技术

IPv6 是 Internet Protocol version 6 的缩写，也被称为下一代网际协议。它是由 Internet 工程任务组（Internet Engineering Task Force，IETF）设计的，用来替代现行的 IPv4 的一种新的网际协议。

Internet 中的主机都有一个唯一的 IP 地址，现有的 IPv4 地址用一个 32 位的二进制数表示一个主机号，但 32 位地址资源有限，已经不能满足用户的需求，因此 Internet 研究组织发布了新的主机标识方法，即 IPv6。IPv4 只能支持 32 位的地址长度，因此所能分配的地址数量为 $2^{32}=4294967296$ 个，这个数量是有限的。为了从根本上解决 IP 地址空间不足的问题，提供更加广阔的网络发展空间，对 IPv4 进行了改进，推出了功能更加完善和可靠的 IPv6。IPv6 对地址分配系统进行了改进，支持 128 位的地址长度，使得可以分配的地址数量达到 2^{128} 个，同时在性能和安全性上有所增强。

1. IPv6 的特点

和 IPv4 相比，IPv6 有以下特点。

（1）IPv6 具有丰富的地址资源空间。IPv6 中地址的长度为 128 位，那么有 2^{128} 个地址可以分配，可以让更多的家庭都拥有一个 IP 地址，这让全球数字化家庭的方案实施变成了可能。

（2）IPv6 使用更小的路由表。IPv6 的地址分配一开始就遵循聚类的原则，这使得路由器能在路由表中用一条记录表示一片子网，大大减小了路由器中路由表的长度，加快了路由器转发数据包的速度，提高了效率。

（3）IPv6 增加了增强的组播支持及对流的支持，这使得网络上的多媒体应用有了长足发展的机会，为服务质量控制提供了良好的网络平台。

（4）IPv6 采用新的地址配置方式。为了简化主机地址配置，IPv6 除支持手工地址配置和有状态自动地址配置（利用专用的地址分配服务动态分配地址，如 DHCP）外，还支持一种无状态地址配置技术。在无状态地址配置中，网络上的主机能自动给自己配置 IPv6 地址。在同一链路上，所有的主机不用人工干预就可以通信。

（5）IPv6 具有更高的安全性。在使用 IPv6 网络的过程中，用户可以对网络层的数据进行加密并对 IP 报文进行校验，极大地增强了网络的安全性。

2. IPv6 的地址表示形式

IPv6 的地址长度为 128 位。IPv6 不是利用网络大小划分地址类型的，而依靠地址首部的标识符识别地址的类别。IPv6 有以下 3 种地址表示形式。

（1）基本表示形式。在该形式中，128 位地址被划分为 8 个部分，每个部分分别用十六进制数表示，中间用冒号":"隔开，如 BACF:FA36:3AD6:BC89:DF00:CABF:EFBA:004E。

（2）压缩表示形式。如果在基本表示形式中几个连续位置的值为 0，则可以压缩为"::"，如 AD80:0000:0000:0000:ABAA:0000:00C2:0002 可表示为 AD80::ABAA:0000:00C2:0002。这里要注意的是，只能压缩连续位置的 0，如 AD80 的最后的这个 0，不能被简化。另外压缩表示形式只能用一次，在上例中的 ABAA 后面的 0000 就不能再次压缩。当然也可以在 ABAA 后面使用"::"，这样前面的 12 个 0 就不能压缩了。这个限制的目的是准确还原被压缩的 0，不然就无法确定每个"::"代表了多少个 0。

（3）混合表示形式。高位的 96 位可划分为 6 个 16 位，按十六进制数表示，低位的 32 位按与 IPv4 相同的方式表示，如 FADC:0:0:0:478:0:202.120.3.26。

3. IPv6 的数据报格式

IPv6 数据报包括首部和数据两个部分，如图 2-17 所示。首部包括基本首部和扩展首部，扩展首部是选项。扩展首部和数据合起来称为有效载荷。IPv6 数据报首部的具体格式如图 2-18 所示。

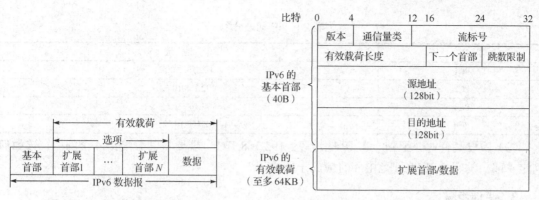

图 2-17　IPv6 数据报格式

图 2-18　IPv6 数据报首部的具体格式

IPv6 的基本首部共 40B，各字段的作用如下。

- 版本：占 4bit，指明协议的版本。对于 IPv6 该字段为 6。
- 通信量类：占 8bit，用于区分 IPv6 数据报不同的类型或优先级。
- 流标号：占 20bit，IPv6 支持资源分配的一个新的机制。"流"是互联网上从特定源点到特定终点的一系列数据报，"流"所经过路径上的路由器要保证要求的服务质量。所有属于同一个"流"的数据报都具有同样的流标号。
- 有效载荷长度：占 16bit，指明 IPv6 数据报除基本首部以外的字节数，最大值为 64KB。
- 下一个首部：占 8bit。当无扩展首部时，此字段与 IPv4 的报头中的协议字段相同；当有扩展首部时，此字段指出后面第一个扩展首部的类型。
- 跳数限制：占 8bit，用来防止数据报在网络中无限期地存在。
- 源地址：占 128bit，为数据报的发送端的 IP 地址。
- 目的地址：占 128bit，为数据报的接收端的 IP 地址。

技能训练

实训 2-1：使用 eNSP 划分子网

1. 实训目的

（1）理解 IP 地址及子网掩码。

（2）掌握子网掩码的计算方法。

（3）掌握子网划分的方法。

微课：IP 地址与子网划分

2. 实训内容

（1）某公司的一个部门有 4 台计算机，其 IP 地址分配如表 2-9 所示。如果 4 台计算机的子网掩码使用默认掩码 255.255.255.0，测试它们是否相互连通？如果由于业务需求，要求 PC1 和 PC2 连通，但不与 PC3、PC4 连通，同时 PC3 和 PC4 连通，但不与 PC1、PC2 连通，在保持 IP 地址不改变的情况下该如何划分网络？

表 2-9　IP 地址分配

PC	IP 地 址
PC1	192.168.10.5
PC2	192.168.10.62
PC3	192.168.10.68
PC4	192.168.10.123

（2）假设某公司分配到一个 IP 地址段：192.168.10.0，现要将其分配给 4 个部门。该如何确定 4 部门的有效 IP 地址范围和对应的子网掩码？

3. 实训步骤

（1）把 4 台计算机的 IP 地址分别与子网掩码 255.255.255.0 进行逻辑与，得到的结果均为 192.168.10.0，因此它们均处于本地网络（同一网段），所以 4 台计算机之间相互连通。把 4 台计算机通过一台交换机连接起来，分配配置 4 台计算机的 IP 地址和子网掩码，使用 ping 命令进行测试，如图 2-19～图 2-21 所示。

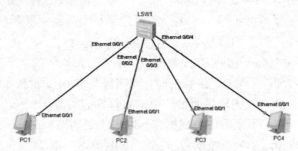

图 2-19　拓扑结构图

图 2-20　IP 地址配置

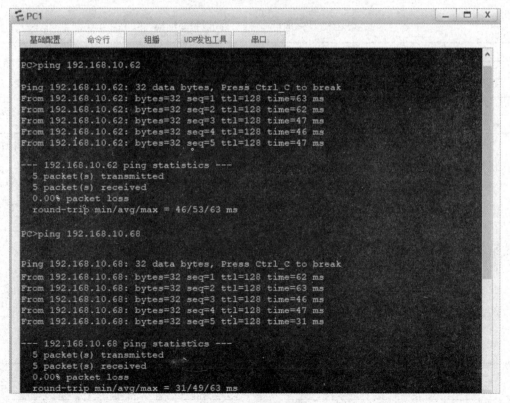

图 2-20　IP 地址配置（续）

图 2-21　测试连通性

图 2-21　测试连通性（续）

如果由于业务需求，要求 PC1 和 PC2 连通，但不与 PC3、PC4 连通，同时 PC3 和 PC4 连通，但不与 PC1、PC2 连通，则至少需要划分 2 个子网，那么网络位需要向主机位借 1 位，子网掩码应该为 255.255.255.128（255.255.255.10000000），但此时会发现，4 台计算机的 IP 地址与该子网掩码逻辑与，结果均相同，因此这种划分方法失败。

如果网络位需要向主机位借 2 位，那么可以划分成 4 个子网，满足需求，同时可以使这 4 台计算机位于两个不同的网段。此时的子网掩码为 255.255.255.192（255.255.255.11000000），4 台计算机的 IP 地址分别与该子网掩码进行逻辑与后，结果如表 2-10 所示。可以看出，PC1 和 PC2 位于同一网段 192.168.10.0，PC3 和 PC4 位于同一网段 192.168.10.64，因此满足要求，子网划分成功。

表 2-10　IP 地址与子网掩码逻辑与结果

PC	IP 地 址	子 网 掩 码	逻辑与结果
PC1	192.168.10.5	255.255.255.192	192.168.10.0
PC2	192.168.10.62	255.255.255.192	192.168.10.0
PC3	192.168.10.68	255.255.255.192	192.168.10.64
PC4	192.168.10.123	255.255.255.192	192.168.10.64

（2）某公司分配到一个 IP 地址段：192.168.10.0，现要将其分配给 4 个部门。确定 4 个部门的有效 IP 地址范围和对应的子网掩码。

第一步：子网掩码计算。

由于要将 IP 地址段分配给 4 个部门，因此需要划分 4 个子网，那么网络位向主机位借 2 位（2^2=4），则子网掩码为 11111111.11111111.11111111.11000000，即 255.255.255.192。

第二步：子网划分。

将 192.168.10.0 用二进制数表示为 11000000.10101000.00001010.00000000。

默认子网掩码 255.255.255.0 的二进制数表示为 11111111.11111111.11111111.00000000。

网络位向主机位借 2 位后可分为 4 个子网，子网划分如表 2-11 所示。

表 2-11　子网划分

网段（二进制数形式）	网段（十进制数形式）
11000000.10101000.00001010.00000000	192.168.10.0
11000000.10101000.00001010.01000000	192.168.10.64

续表

网段（二进制数形式）	网段（十进制数形式）
11000000.10101000.00001010.10000000	192.168.10.128
11000000.10101000.00001010.11000000	192.168.10.192

每个子网的 IP 地址范围如表 2-12 所示。

表 2-12　每个子网的 IP 地址范围

网段（十进制形式）	地址范围	地址范围（十进制数形式）
192.168.10.0	192.168.10.00000001～192.168.10.00111110	192.168.10.1～192.168.10.62
192.168.10.64	192.168.10.01000001～192.168.10.01111110	192.168.10.65～192.168.10.126
192.168.10.128	192.168.10.10000001～192.168.10.10111110	192.168.10.129～192.168.10.190
192.168.10.192	192.168.10.11000001～192.168.10.11111110	192.168.10.193～192.168.10.254

实训 2-2：配置和管理网络服务

1. 实训目的

（1）掌握 DHCP 服务器的配置与管理。
（2）掌握 DNS 服务器的配置与管理。
（3）掌握 WWW 服务器的配置与管理。
（4）掌握 FTP 服务器的配置与管理。

2. 实训内容

（1）DHCP 服务器的配置与管理。
（2）DNS 服务器的配置与管理。
（3）WWW 服务器的配置与管理。
（4）FTP 服务器的配置与管理。

微课：DHCP 服务器的配置

微课：DNS 服务器的配置

微课：WWW 服务器的配置

微课：FTP 服务器的配置

3. 实训步骤

（1）DHCP 服务器的配置与管理。

①单击"开始"按钮后将出现如图 2-22 所示的"开始"界面，选择并单击"服务器管理器"图标。

图 2-22　"开始"界面

②进入如图 2-23 所示的服务器管理器"仪表板"界面，选择"添加角色和功能"选项。

图 2-23　服务器管理器"仪表板"界面

③选择"添加角色和功能"选项后，出现如图 2-24 所示的"添加角色和功能向导"界面，提示在安装相关的服务器功能软件时，要有一个静态的 IP 地址等信息。

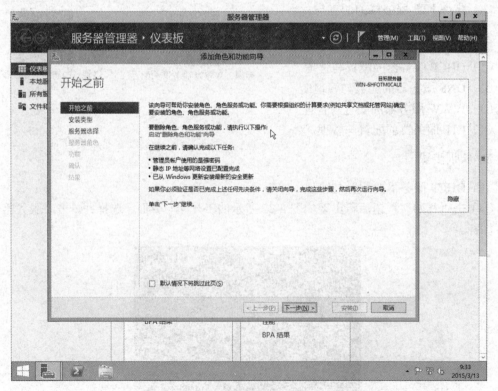

图 2-24　"添加角色和功能向导"界面

④选择"开始之前"选项，单击"下一步"按钮，出现如图 2-25 所示的"选择安装类型"

界面，单击"基于角色或基于功能的安装"按钮。

图 2-25　"选择安装类型"界面

⑤选择"安装类型"选项，单击"下一步"按钮，出现如图 2-26 所示的"选择目标服务器"界面，单击"从服务器池中选择服务器"按钮。

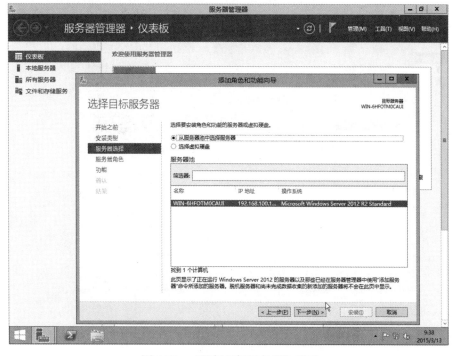

图 2-26　"选择目标服务器"界面

⑥单击"下一步"按钮，选择服务器，打开如图 2-27 所示的"角色"选择框。

图 2-27　"角色"选择框

⑦勾选"DHCP 服务器"，出现如图 2-28 所示的"添加 DHCP 服务器所需的功能？"界面，按系统默认，单击"添加功能"按钮。

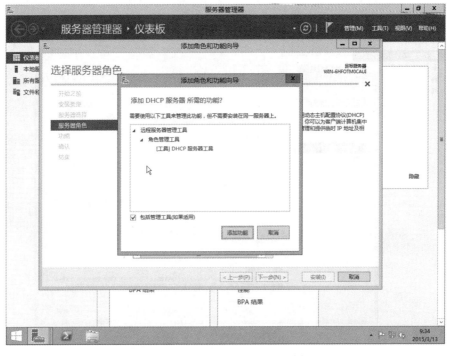

图 2-28　"添加 DHCP 服务器所需的功能?"界面

⑧单击"添加功能"按钮后，出现如图 2-29 所示的"选择功能"界面。

图 2-29　"选择功能"界面

⑨单击"下一步"按钮，出现如图 2-30 所示的"DHCP 服务器"界面。

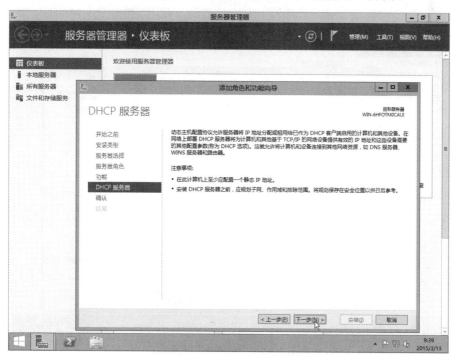

图 2-30　"DHCP 服务器"界面

⑩单击"下一步"按钮，出现如图 2-31 所示的"确认安装所选内容"界面。

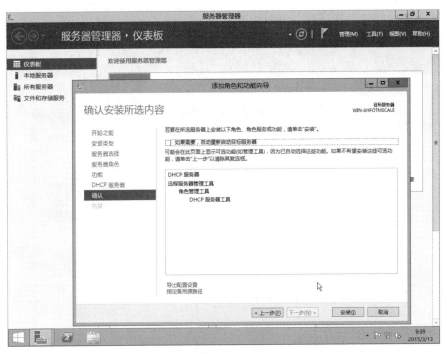

图 2-31　"确认安装所选内容"界面

⑪单击"安装"按钮，系统将安装 DHCP 服务器相关的软件及管理工具，出现如图 2-32 所示的"安装进度"界面，安装完成后，单击"关闭"按钮。

图 2-32　"安装进度"界面

⑫单击"开始"，在开始菜单中选择"管理工具"选项。双击"DHCP"快捷项，启动 DHCP 服务器管理进程，如图 2-33 所示。

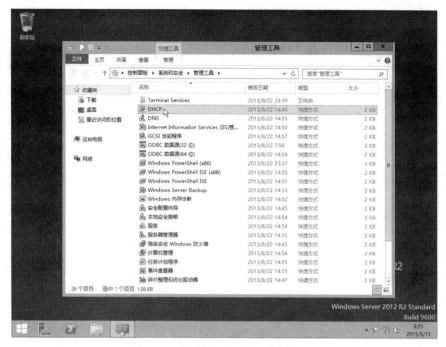

图 2-33　启动 DHCP 服务器管理进程

⑬进入 DHCP 服务器管理工具后，单击"操作"选项卡，选择下拉菜单中的"新建作用域"选项，如图 2-34 所示，对 DHCP 作用域进行配置。

图 2-34　选择"新建作用域"选项

⑭启动"新建作用域向导"，对本作用域命名，如图 2-35 所示。在命名作用域时，如果只有一个作用域，则可以使用任意的字符进行命名；如果有多个作用域，则建议使用网络号进行命名。

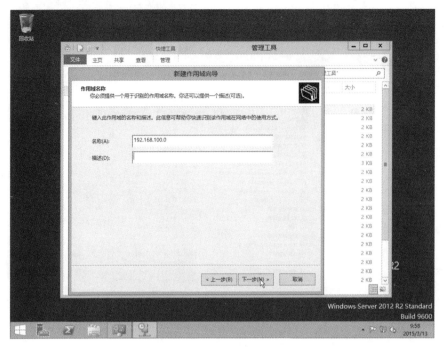

图 2-35　作用域命名

⑮给作用域命名后，就要对该作用域的地址池进行设置，如图 2-36 所示。设置完地址池后，单击"下一步"按钮将会出现"排除地址"和"租用期限"两个界面，在这两个界面中，按默认值单击"下一步"按钮。

图 2-36　设置地址池

⑯"在配置 DHCP 选项"界面（见图 2-37）中，单击"是，我想现在配置这些选项"按钮。在配置 DHCP 选项时，关键的只要配置"路由器"和"域名服务器"，其他的可以不用配置。

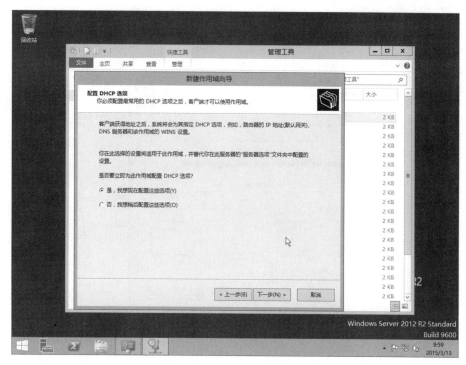

图 2-37　"配置DHCP 选项"界面

⑰配置路由器（默认网关）地址，如图 2-38 所示。这里的路由器，指的是本网段的网关地址，一般在三层交换机上，有的在路由器的接口上。

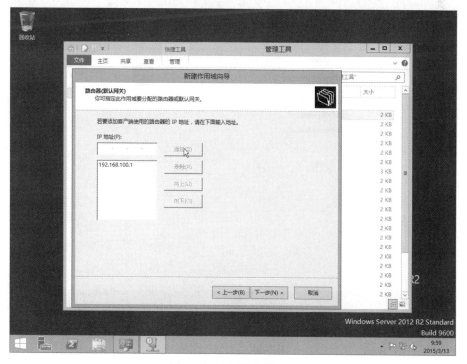

图 2-38　配置路由器地址

⑱配置完路由器地址后，要进一步配置的是 DNS 服务器地址，如图 2-39 所示。

图 2-39　配置 DNS 服务器地址

⑲配置完成前面的选项后，要激活作用域，如图 2-40 所示。

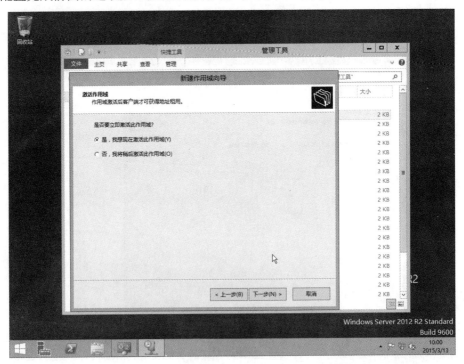

图 2-40　激活作用域

⑳激活作用域后，即完成了本次的 DHCP 服务器配置，如图 2-41 所示。如果有多个作用域要配置，请重复前面步骤。

图 2-41　配置完成

（2）DNS 服务器的配置与管理。

①启动服务器管理器，按 DHCP 服务器配置的相关界面操作，进入如图 2-42 所示的"选择服务器角色"界面，勾选"DNS 服务器"。

图 2-42　"选择服务器角色"界面

②单击"下一步"按钮，依照系统的提示，选择"添加功能"并单击"下一步"按钮，出

现"确认安装所选内容"界面，如图 2-43 所示。单击"安装"按钮，即完成了 DNS 服务器的软件安装任务。

图 2-43　"确认安装所选内容"界面

③完成 DNS 服务器的安装后，选择"开始"→"管理工具"→"DNS 管理器"命令，启动 DNS 服务器的管理界面，单击 DNS 服务器下的三角尖，出现如图 2-44 所示的"DNS 管理器"界面。

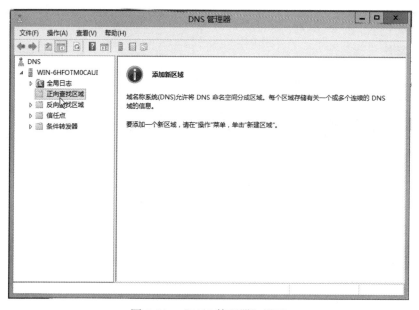

图 2-44　"DNS 管理器"界面

④在图 2-44 中，选择"正向查找区域"命令，单击鼠标右键，出现一个弹出式菜单，在这个菜单中，选择"新建区域"选项，如图 2-45 所示。

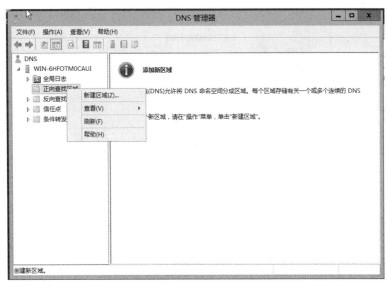

图 2-45　选择"新建区域"选项

　　⑤利用 DNS 服务器的"新建区域向导"来完成 DNS 服务器的配置。在配置时，要输入区域的名称，这个名称在做实验时可以任意输入，如 test.com 域名结构。配置 DNS 区域如图 2-46 所示。

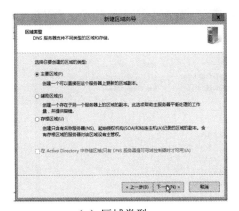

（a）区域类型

（b）区域名称

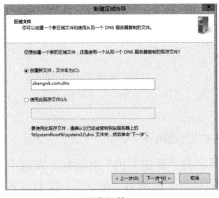

（c）区域文件

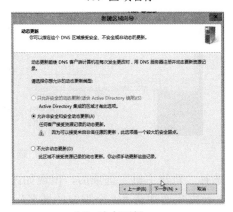

（d）动态更新

图 2-46　配置 DNS 区域

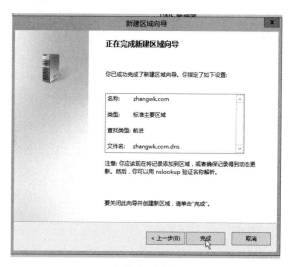

（e）完成安装

图 2-46　配置 DNS 区域（续）

⑥完成 DNS 区域配置后，就要对本区域添加相应的服务器，如 Web 服务器（使用 www 表示）。单击刚建好的"zhangwk.com"区域，光标移到右边空白的区域内，单击鼠标右键，将弹出一个菜单。选择"新建主机"选项，如图 2-47 所示，进入新建主机界面。

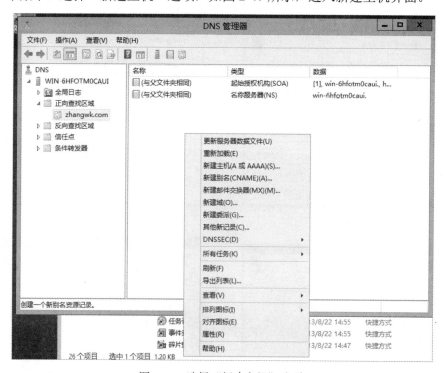

图 2-47　选择"新建主机"选项

⑦选择"新建主机"选项后，出现如图 2-48 所示的"新建主机"对话框。在这个对话框中，输入数据后要注意"完全限定的域名"内显示的完整主机域名。在这里，我们输入名称为"www"，输入 IP 地址为"192.168.100.200"，这表示域名 www.zhangwk.com 所对应的 IP 地址为"192.168.100.200"。

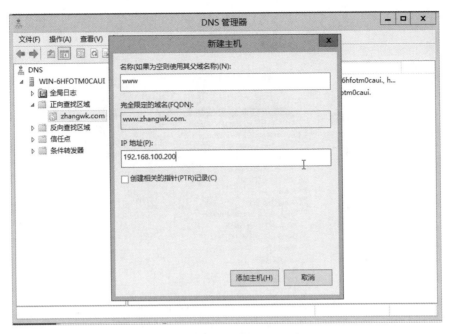

图 2-48 "新建主机"对话框

⑧当完成上面的配置后，就完成了 DNS 服务器的配置。可以启动主机的"命令提示符"，进入字符界面，测试本服务器是否解析正常。测试命令及结果如图 2-49 所示。

图 2-49 测试命令及结果

（3）WWW 服务器的配置与管理。

①选择"开始"→"管理工具"→"服务器管理器"命令，按系统的默认配置单击"下一步"按钮，直到出现如图 2-50 所示的"选择服务器角色"界面，在这个界面中，勾选"Web 服务器"。

图 2-50 "选择服务器角色"界面

②在图 2-50 中,勾选"Web 服务器"后,单击"下一步"按钮,出现如图 2-51 所示的"确认安装所选内容"界面,在本界面中,单击"安装"按钮后,单击"完成"按钮,即完成了 Web 服务器的安装。

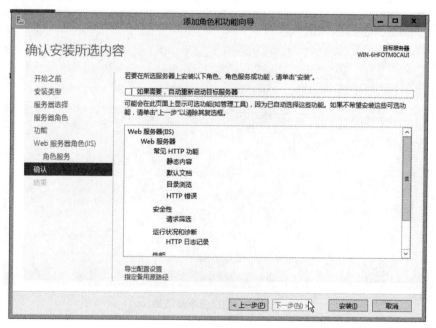

图 2-51 "确认安装所选内容"界面

③完成 Web 服务器软件的安装后,就要对 Web 服务器进行配置。在正常情况下,不对服务器的参数进行修改,Windows 下的 Web 服务器也能很好地工作。选择"开始"→"管理工具"→"Internet Information Services(IIS)管理器"命令,即可启动 Web 服务器的管理器,如图 2-52 所示。

图 2-52　启动 IIS 管理器

④右击图 2-53 中的"Default Web Site"命令，选择弹出菜单中的"管理网站"→"高级设置"选项。

图 2-53　右击"Dafault Web Site"命令

⑤在如图 2-54 所示的"高级设置"对话框中，要注意"物理路径"所在的位置。在默认情况下，Web 服务器文件保存的位置为系统所在盘的"inetpub\wwwroot"目录下。如果对本

目录进行了修改，则要给予修改后的目录相应的权限，否则 Web 服务器无法访问其中的文件。

图 2-54　"高级设置"对话框

⑥用记事本在 Web 服务器的根目录内新建一个文件，在其中输入文字，并把这个文件重新命名为"index.htm"，注意扩展名也要修改，如图 2-55 所示。

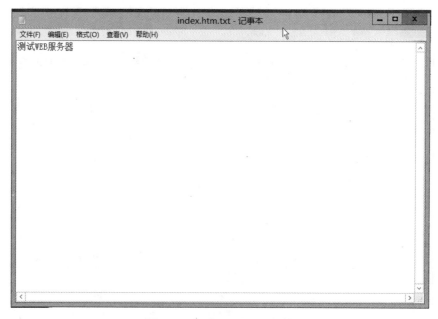

图 2-55　新建 index.htm 文件

⑦启动本机的浏览器软件，在地址栏内输入 http://27.0.0.1，这时就会出现如图 2-56 所示的界面。出现这个界面后，如果里面的内容与我们新建的文件的内容相同，则表示 Web 服务器配置正确，并工作正常。

图 2-56　测试 Web 服务器

（4）FTP 服务器的配置与管理。

①选择"开始"→"管理工具"→"服务器管理器"命令，按系统的默认配置单击"下一步"按钮，直到出现如图 2-57 所示的"选择服务器角色"界面，在这个界面中，单击"Web 服务器"前的三角形，会出现已经安装完成的 Web 相关的程序，勾选"FTP 服务器"。

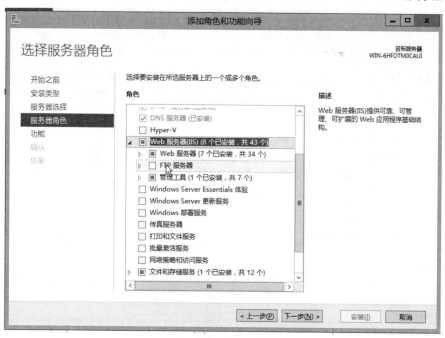

图 2-57　"选择服务器角色"界面

②单击"下一步"按钮，出现如图 2-58 所示的"确认安装所选内容"界面，单击"安装"按钮即可对 FTP 服务器相关软件进行安装。

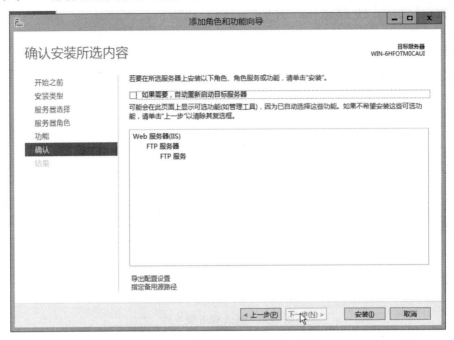

图 2-58　"确认安装所选内容"界面

③完成 FTP 服务器软件的安装后，选择"开始"→"管理工具"→"Internet Information Services(IIS)管理器"命令，启动 Web 服务器的管理器，在管理器中选择服务器名称，单击鼠标右键，出现如图 2-59 所示的界面，在该界面内，选择"添加 FTP 站点"选项。

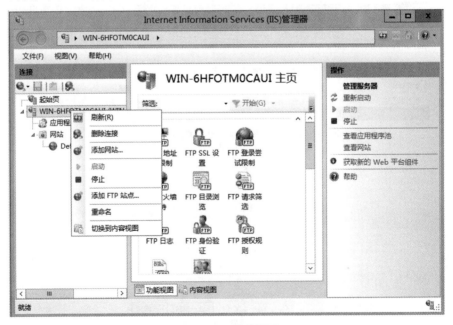

2-59　FTP 管理界面

④给新建的 FTP 站点命名，指定 FTP 服务器的工作目录，如图 2-60 所示。

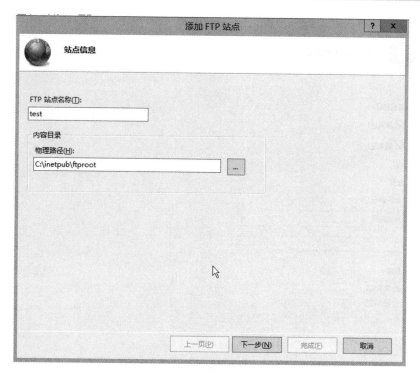

图 2-60　命名 FTP 站点

⑤命名完 FTP 站点后，要绑定 FTP 服务器的 IP 地址与端口，如果本机只有一个 FTP 服务进程，可以不用修改端口，使用默认端口，如图 2-61 所示。

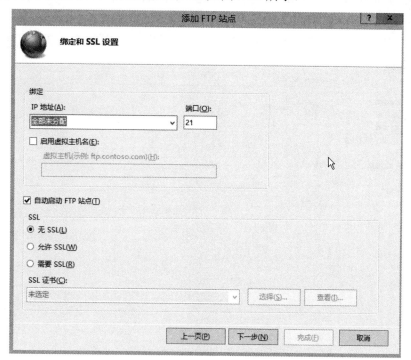

图 2-61　绑定 IP 地址与端口

⑥给本服务器设置相应的访问权限，如图 2-62 所示。

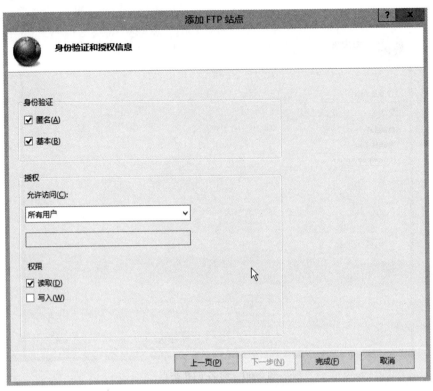

图 2-62 设置 FTP 服务器访问权限

⑦测试 FTP 服务器，打开 IE 浏览器，在地址栏内输入 ftp://127.0.0.1，将看到如图 2-63 所示的界面。当出现本界面时，表示 FTP 服务器安装配置正确。

图 2-63 测试 FTP 服务器界面

知识小结

计算机网络体系结构的制定使得两台计算机能够像两个知心朋友那样互相准确理解对方的意思并做出优雅的回应。网络体系结构标准有两个：国际标准和事实标准，即 OSI 参考模型和 TCP/IP 体系结构模型，分别分为 7 层和 4 层，每一层都有各自的功能，在计算机网络通信和数据传输过程中起到非常大的作用。

理论练习

1．填空题

（1）一个网络协议主要由语法、_____及_____三个要素组成。

（2）常用的 IP 地址有 A、B、C 三类，128.11.3.31 是一个___类地址，其网络标识为_____，主机标识为_____。

（3）OSI 模型有_____、_____、_____、传输层、会话层、表示层和应用层 7 个层次。

（4）在 OSI 参考模型中，上层使用下层所提供的_____。

（5）TCP/IP 体系结构的传输层上定义的两个传输协议为_____和_____。

（6）在 TCP/IP 体系结构模型的网络层中包括的协议主要有 IP、IMCP、_____、_____和 IGMP 等。

（7）TCP/IP 体系结构共有 4 个层次，它们是_____、_____、_____和 _____。

2．选择题

（1）在 Internet 中用于远程登录的服务是（　　）。
　　A．FTP　　　　　B．E-mail　　　　C．Telnet　　　　D．WWW

（2）以下 IP 地址中，属于 B 类地址的是（　　）。
　　A．112.213.12.23　　　　　　　B．210.123.23.12
　　C．23.123.213.23　　　　　　　D．156.123.32.12

（3）ARP 协议是 TCP/IP 体系结构模型中（　　）层的协议。
　　A．网络接口层　　B．网络层　　　　C．传输层　　　　D．应用层

（4）在 Internet 中用于文件传输的服务是（　　）。
　　A．FTP　　　　　B．E-mail　　　　C．Telnet　　　　D．WWW

（5）在电子邮件地址"12345678@qq.com"中，@符号后面的部分是指（　　）。
　　A．POP3 服务器地址　　　　　　B．SMTP 服务器地址
　　C．域名服务器地址　　　　　　　D．WWW 服务器地址

（6）HTTP 是一种（　　）。
　　A．超文本传输协议　　　　　　　B．高级程序设计语言
　　C．网址　　　　　　　　　　　　D．域名

3. 简答题

（1）TCP/IP 体系结构模型包括哪 4 个层次？每层主要的协议有哪些？

（2）列举 OSI 参考模型和 TCP/IP 体系结构模型的共同点及不同点。

（3）172.16.0.220/25 和 172.16.2.33/25 分别属于哪个子网？

（4）192.168.1.60/26 和 192.168.1.66/26 能不能互相连通？为什么？

（5）210.89.14.25/23、210.89.15.89/23、210.89.16.148/23 之间能否互相连通？为什么？

（6）某单位分配到一个 C 类 IP 地址，其网络地址为 192.168.1.0，该单位有 100 台左右的计算机，并且分布在两个不同的地点，每个地点的计算机数大致相同。请给每一个地点分配一个子网号，并写出每个地点计算机的最大 IP 地址和最小 IP 地址。

（7）对于 B 类地址，加入主机数小于或等于 254 台，与 C 类地址算法相同。对于主机数大于 254 台的，如需要 700 台主机，又怎么划分子网呢？例如，其网络地址为 192.168.0.0，请计算出第一个子网的最大 IP 地址和最小 IP 地址。

（8）某单位分配到一个 C 类地址，其网络地址为 1912.168.10.0，该单位需要划分 28 个子网，请计算出子网掩码和每个子网有多少个 IP 地址。

第3章

数据通信基础

学习导入

万物互联时代的到来让数据信息进入一个高效的传输体系，通过各类数字信息化技术的运用，增强了数据通信的质量和效果，人们的生活和办公得到了优良的数据服务。数据通信与计算机网络体系相辅相成，数据信息进行有效传输，那么数据通信是如何搭载计算机网络完成一系列的数据传输操作并实现数据信息精准到达用户的呢？

思维导图

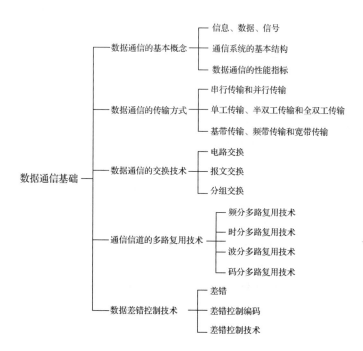

- 掌握数据通信的基本概念。
- 掌握数据通信方式。
- 理解数据编码和调制。
- 理解数据交换技术。
- 了解信道复用技术。
- 了解差错控制技术。

3.1 数据通信的基本概念

数据通信是计算机网络最基本的功能之一。数据通信的目的是快速传输计算机与终端、计算机与计算机之间的各种信息，包括文字信件、新闻消息、咨询信息、图像资料、报纸版面等。利用这一特点，可实现将分散在各个地区的单位或部门用计算机网络联系起来，进行统一的调配、控制和管理，使不同地点的数据终端实现软、硬件和信息资源的共享。典型的例子就是通过 Internet 收发电子邮件，可以很方便地实现异地交流。对于一个完整的数据通信系统，我们需要了解数据通信系统中的信息、数据、信号等一些基本概念。

3.1.1 信息、数据、信号

1. 信息

信息（Information）是人们对客观物质的反映，既可以是对物质的形态、大小、结构、性能等部分或全部特性的描述，又可以是客观物质与外部事物的联系。信息有各种存在形式，如文字、声音、图像等。

2. 数据

数据（Data）是人们对客观物质未经加工处理的原始素材，如图形符号、字母、数字等。数据是把时间的某些属性规范化后的表现形式，可被识别，也可被描述。数据是装载信息的实体，而信息是经过加工处理的数据。

数据以某种媒体为载体，即数据是存储在媒体上的。数据分为模拟数据和数字数据两种表现形式。模拟数据采用的是连续值，如声音的强度、光的强度；数字数据采用的是离散值，如计算机输出的二进制数据 0、1。

3. 信号

信号（Signal）是指数据在通信过程中转换的适合在通信信道上传输的电磁编码、电编码或光编码。信号可以分为模拟信号和数字信号两种。

模拟信号（Analog Signal）又称为连续信号，是指用连续变化的物理量表示的信息，其幅度或频率或相位随时间均是连续变化的，或者在一段连续的时间间隔内，其代表信息的特征量可以在任意瞬间呈现为任意数值的信号，即模拟信号能在一定的时间范围内有无限多个不同的取值，模拟信号波形图如图 3-1 所示。

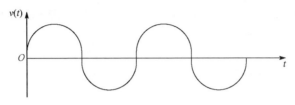

图 3-1　模拟信号波形图

数字信号（Digital Signal）指自变量是离散的、不连续的信号。在计算机中，数字信号的大小常用有限位的二进制数表示，数字信号波形图如图 3-2 所示。

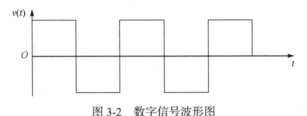

图 3-2　数字信号波形图

3.1.2　通信系统的基本结构

1. 数据通信的组成

计算机数据通信是指用通信线路将远程数据终端设备与计算机连接起来，进行信息处理。数据通信系统由信源（计算机中心）、信宿（数据终端设备）、信道（通信线路）及干扰源组成，如图 3-3 所示。

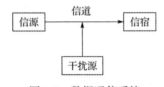

图 3-3　数据通信系统

1）信源

信源是信息发布者，即上网者。在传统的信息传输过程中，对信源的资格有严格限制，通常指广播电台、电视台等机构，采用的是有中心的结构。而在计算机网络中，对信源的资格并无特殊限制，任何一个上网者都可以成为信源。

2）信宿

信宿是信息接收者，即最终用户，可以是人，也可以是机器，如收音机、电视机等。信宿是信息动态运行一个周期的最终环节。信宿的作用是接收信息，选择对自身有用的信息，直接或间接地为某种目的服务。

3）信道

信道是指连接发、收两端的信号传输通道，由传输介质及相应的附属设备组成。信号只有通过信道传输，才能够从信源到达信宿。同一条传输介质上可以同时存在多条信号通道，即一条传输线路上可以有多条信道，实现数据传输。例如，一条光缆可以包含上千个电话信道，供几千人同时通话。不同信道有不同的传输特性，相同信道对不同频率的信号的传输特性也是不同的。通信系统中应用的信道包括有线信道（如架空明线、电线、光纤等）和无线信道（如海水、自由空间等）两类。

4）干扰源

干扰源是指信息传输中的干扰，将对信息的发送与接收产生影响，使两者的信息意义发生改变。

2. 数据通信的分类

通信是指发送者（信源）与接收者（信宿）之间的信息传输。利用电信号或光信号实现信息传输的系统称为通信系统。数据通信可以分为模拟通信和数字通信。

模拟通信系统是利用模拟信号来传输信息的，如电话、广播和电视系统，一般由信源、调制器、信道、解调器、信宿和干扰源组成，如图 3-4 所示。调制解调器（Modem）是调制器（Modulator）与解调器（Demodulator）的简称，调制器的作用是将数字信号转换成模拟信号，解调器的作用是将模拟信号转换成数字信号，二者合称调制解调器。

拨号上网系统是一个典型的模拟通信系统实例，发送端（计算机）发来的数据经调制解调器转换为模拟信号后，送到公共电话网上传输，到接收端经调制解调器转换为数字信号后，与服务器通信。

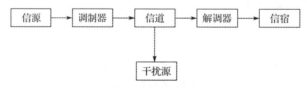

图 3-4　模拟通信系统

数字通信系统是利用数字信号来传输信息的，如计算机通信、数字电话、数字电视等系统，一般由信源、信源编码器、信道编码器、调制器、信道、解调器、信道译码器、信源译码器、信宿、干扰源等组成，如图 3-5 所示。

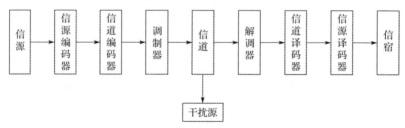

图 3-5　数字通信系统

3.1.3　数据通信的性能指标

数据通信的主要技术指标有数据传输速率、传输延迟、信道带宽、信道容量、误码率等，这些指标是衡量数据传输有效性和可靠性的参数。

1. 数据传输速率

数据传输速率（Data Transfer Rate）指单位时间内传输信息量的多少。数据传输速率是衡量数据传输有效性的主要指标，通常用波特率和比特率来表示。

波特率又称为调制速率，指单位时间内传输的码元数，是对符号传输速率的一种度量，用单位时间内载波调制状态改变的次数来表示，单位为波特（Baud）。 比特率又称为信息速率，在数据传输中数据信息用二进制数 0 和 1 表示，每一个二进制数称为 1 比特。比特率指单位时间内传输二进制码的位数，单位为比特/秒（bit/s）。只有在用两个值调制的方式下，比特率和波特率才一致。

2. 误码率

误码率（Symbol Error Rate，SER）指二进制码在传输过程中出现错误的概率，是衡量数据通信系统在规定时间内数据传输可靠性的指标。误码率计算公式为

$$P_e = \frac{N_e}{N}$$

式中，N_e 表示被传错的码元数；N 表示传输的二进制总码元数；P_e 表示误码率，即错误接收的码元数在传输的总码元数中所占的比例。

3. 传输延迟

传输延迟指由于各种原因的影响，系统信息在传输过程中存在不同程度的延误或滞后的现象。信息的传输延迟时间包括发送和接收处理时间、电信号响应时间、中间转发时间和信道传输时间等。

4. 信道带宽

信道带宽指信道可传输的信号最高频率与最低频率之差，以 Hz 为单位。在通信系统中，不同的传输介质具有不同的带宽，并且只能够安全传输其带宽范围之内的信号。

5. 信道容量

信道容量指单位时间内信道所能无错误传输的最大信息率，表征信道的传输能力。一般情况下，信道带宽越宽，信道容量就越大，单位时间内信道上传输的信息量就越多，传输效率就越高。

3.2 数据通信的传输方式

数据传输方式（Data Transmission Mode）指按照传输的规则，经过一条或多条链路，在信源和信宿之间的信道上传输数据采取的方式，也称为数据通信方式，可以借助信道上的信号将数据从一处送往另一处。按照数据传输的不同关系，可以划分出不同的传输方式。

3.2.1 串行传输和并行传输

根据数据传输顺序，数据通信可以分为串行传输和并行传输两种数据传输方式。并行传输用于短距离、高速率的通信；串行传输用于长距离、低速率的通信。

1. 串行传输

串行传输指数据二进制代码在一条物理信道上以位为单位按时间顺序逐位传输，如图 3-6 所示。当串行传输时，发送端逐位发送，接收端逐位接收，同时要对所接收的字符进行确认，所以收发双方要采取同步措施。

串行通信指计算机主机与外设之间及主机系统与主机系统之间数据的串行传输。使用一条数据线，将数据一位位地依次传输，每一位数据占据一个固定的时间长度。串行通信只需要少数几条线就可以在系统间交换信息，特别适用于计算机与计算机、计算机与外设之间的远距离通信。

串行传输相对并行传输而言，传输速度慢，但只需要一条物理信道，线路投资小，布线简便易于实现，灵活度高，特别适合远距离传输。因此，串行传输在电子电路设计、信息传递等诸多方面的应用越来越多，串行传输是目前数据传输的主要方式。

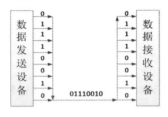

图 3-6　串行传输

2. 并行传输

并行传输指数据以成组的方式，在多条并行信道上同时进行传输。一个编码后的字符通常是用若干位二进制数表示的，如用 ASCII 码编码的字符是用 8 位二进制数表示的，则并行传输 ASCII 码编码字符就需要 8 条传输信道，使表示一个字符的所有数据位能同时沿着各自信道并排地传输，如图 3-7 所示。常用的方法是将构成一个字符的几位二进制数同时分别在几条并行的信道上传输。当并行传输时，一次可以传一个字符，收发双方不存在同步问题，而且速度快、控制方式简单。但是并行传输需要多条物理信道，因此并行传输只适合在短距离、要求传输速度快的场合使用。

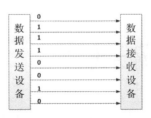

图 3-7　并行传输

3.2.2 单工传输、半双工传输和全双工传输

根据数据在信道上的流向和时间关系特点，数据通信可以分为单工传输、半双工传输和全双工传输三种数据传输方式。

1. 单工传输

单工传输指在通信线路上，数据只可按一个固定的方向传输而不能进行相反方向传输的通信方式，如图 3-8 所示，如传呼机、收音机、广播、打印机等。

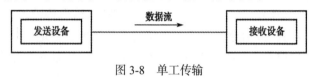

图 3-8　单工传输

2. 半双工传输

半双工传输指数据可以双向传输，但不能同时进行，在任一时刻只允许在一个方向上传输主信息的通信方式，如图 3-9 所示，如对讲机。

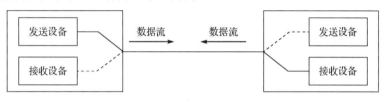

图 3-9　半双工传输

3. 全双工传输

全双工传输指可同时双向传输数据的通信方式，如图 3-10 所示，如电话、串口、SPI 等。全双工通信是两个单工通信方式的结合，要求发送设备和接收设备都有独立的发送和接收能力。

图 3-10　全双工传输

3.2.3 基带传输、频带传输和宽带传输

根据数据在各种传输介质中所能传输的信号不同，数据传输方式可以分为基带传输和频带传输两大类。

1. 基带传输

基带传输指一种不搬移基带信号频谱的传输方式。在数据通信中，对于计算机或终端等数字设备直接发出的二进制数字信号（一种矩形的电脉冲信号），即"1"或"0"，分别用高（或低）电平或低（或高）电平表示，这种未经调制的电脉冲所占据的频段从直流和低频开始，

因此把这种矩形电脉冲信号所占的频带称为基带。

基带传输是数据通信中一种非常重要的传输形式，由于在近距离范围内，基带信号的功率衰减不大，从而信道容量不会发生变化，因此在一些传输距离不太远的情况下，如在有线信道中，这种基带信号可以直接传输，称为"数字信号基带传输"，它只能在信道上原封不动地传输二进制数字信号。但是对于远距离通信来说，目前经常使用的仍然是普通的电话线。

2. 频带传输

频带传输指先将基带信号变换（调制）成便于在模拟信道中传输的、具有较高频率范围的模拟信号（称为频带信号），再将这种频带信号在模拟信道中传输。

远距离通信信道多为模拟信道。例如，传统的电话（电话信道）只适用于传输音频范围（300~3400Hz）内的模拟信号，不适用于直接传输频带很宽、但能量集中在低频段的数字基带信号。为了利用电话交换网来传输计算机之间的数字信号，就必须将数字信号转换成模拟信号。因此需要在发送端选取音频范围的某一频率的正（余）弦模拟信号作为载波，用它运载所要传输的数字信号，通过电话信道将其进行传输；在接收端将数字信号从载波上取出来，恢复为原来的数字信号波形。计算机网络的远距离通信通常采用的是频带传输。

3. 宽带传输

宽带传输需要借助频带传输，可以将链路容量分解成两条或更多的信道，每条信道可以携带不同的信号，其中的变换由调制解调器来完成。宽带传输中的所有信道都可以同时发送信号。在计算机局部网络中经常使用宽带传输方式，它能容纳全部广播并可进行高速数据传输，而且允许在同一信道上进行数字信息和模拟信息服务，如 CATV、ISDN 等。

3.3 数据通信的交换技术

在数据通信网络中，通过通信子网中网络节点（交换设备）的某种转接方式来实现从任意一端系统到另一端系统之间提供一条完整的传输路径的数据通路的技术称为数据交换技术。按照通信子网中的网络节点对进入子网的数据所实施的转发方式的不同，可以将数据交换方式分为电路交换和存储转发交换两大类。常用的交换技术有电路交换、报文交换和分组交换。

3.3.1 电路交换

电路交换是指在呼叫双方开始通话之前，由交换设备在两者之间建立一条专用电路，并且在整个通话期间独占该条电路直到结束。其通信过程一般分为电路建立阶段、通信阶段、电路拆除阶段三个部分。常见的该类设备有电话交换机、程控数字交换系统。

电路交换方式的优点是，在通信过程中可以保证为用户提供足够的带宽，并且实时性强，时延小，交换设备成本较低；缺点是网络的带宽利用率不高，一旦电路被建立，不管通信双方是否处于通话状态，分配的电路都一直被占用。

例如，公众电话网（PSTN 网）和移动网（包括 GSM 网和 CDMA 网）采用的都是电路交换技术，基本特点是采用面向连接的方式，在双方进行通信之前，需要为通信双方分配一条具有固定带宽的通信电路，通信双方在通信过程中将一直占用所分配的资源，直到通信结束，并且在电路的建立和释放过程中都需要利用相关的信令协议。

3.3.2　报文交换

报文交换又称为消息交换，采用存储转发机制，用报文作为传输单元。在这种交换方式中，发送方不需要提前建立电路，不管接收方是否空闲，都可随时向其所在的交换机发送消息。交换机收到的报文消息先存储在缓冲器的队列中，再根据报头中的地址信息计算出路由，确定输出线路。报文长度不限且可变，因此对每个节点来说，有不可测的时延，其缓冲区的分配也比较困难。

在实际应用中，报文交换主要用于传输报文较短、实时性要求较低的通信业务，如公用电报网、信函、文本文件等报文消息。

3.3.3　分组交换

分组交换是指在报文交换的基础上，首先将用户的消息划分为一定长度的数据分组，然后在分组上加上控制信息和地址，最后经过分组交换机发送到目的地址。

分组交换技术是针对数据通信业务的特点而提出的一种交换方式，它的基本特点是面向无连接而采用存储转发的方式，将需要传输的数据按照一定的长度分割成许多小段数据，并在数据之前增加相应的用于对数据进行选路和校验等功能的首部字段，作为数据传输的基本单元，即分组。采用分组交换技术，在通信之前不需要建立连接，每个节点首先将上一个节点送来的分组收下并保存在缓冲区中，然后根据分组首部中的地址信息选择适当的链路将其发送至下一个节点，这样在通信过程中可以根据用户的要求和网络的能力来动态分配带宽。分组交换技术在传输时延和传输效率上进行了平衡，从而得到广泛的应用。

3.4　通信信道的多路复用技术

多路复用技术（Multiplexing）是指把多条低速信道组合成一条高速信道的技术。多路复用技术可以有效地提高数据链路的利用率，从而使得一条高速的主干链路同时为多条低速的接入链路提供服务，也就使得网络干线可以同时运载大量的语音和数据。采用多路复用技术能把多个信号组合在一条物理信道上进行传输，在远距离传输时可大大节省电缆的安装和维护费用。

多路复用技术分为频分多路复用技术 FDM（Frequency Division Multiplexing）、时分多路复用技术 TDM（Time Division Multiplexing）、波分多路复用技术 WDM（Wavelength Division Multiplexing）和码分多路复用技术 CDMA（Code Division Multiple Access）。

3.4.1　频分多路复用技术

频分多路复用技术（Frequency Division Multiplexing，FDM）的基本原理是，利用通信线路的可用带宽超过了给定的带宽的特点，在一条通信线路上以不同的载波频率调制设置多条信道，且各条信道所占用的频带不相互重叠，相邻信道之间用"警戒频带"隔离，这样每条信道就能独立地传输一路信号。

频分多路复用技术的主要特点是，信号被划分成若干条通道（频道、波段），每条通道互不重叠，独立进行数据传输。每个载波信号形成一个不重叠、相互隔离（不连续）的频带。接收端通过带通滤波器来分离信号。

例如，ADSL 就是一种典型的频分多路复用技术。ADSL 在 PSTN 上使用双绞线划分出三个频段：0~4kHz 用来传输传统的语音信号；20~50kHz 用来传输计算机上载的数据信息；150~500kHz 或 140~1100kHz 用来传输从服务器上下载的数据信息。

3.4.2　时分多路复用技术

时分多路复用技术（Time Division Multiplexing，TDM）以信道传输时间为分割对象，通过为多条信道分配互不重叠的时间片的方法来实现多路复用。时分多路复用技术的特点是把时间分成一些均匀的时间片，通过同步（固定分配）或统计（动态分配）的方式，将各路信号的传输时间配分在不同的时间片上，以达到互相分开、互不干扰的目的。

例如，贝尔系统的 T1 载波。T1 载波将 24 路音频信道复用在一条通信线路上，每路音频信号在送到多路复用器之前，要通过一个脉冲编码调制编码器，该编码器每秒抽样 8000 次。

3.4.3　波分多路复用技术

波分多路复用技术（Wavelength Division Multiplexing，WDM）是光的频分多路复用技术。波分多路复用技术利用衍射光栅实现多路不同频率光波信号的合成与分解，按照光波波长的不同划分成若干条子信道，在同一根光纤内传输多路不同波长的光信号。

3.4.4　码分多路复用技术

码分多路复用技术（Code Division Multiple Access，CDMA）又称为码分多址技术，是一种共享信道的方法，采用地址码、时间和频率共同区分信道的方式，使每个用户可在同一时间使用同样的频带进行通信。

码分多路复用技术是基于码型的分割信道的方法，即每个用户分配一个地址码，各个码型互不重叠，通信各方之间不会相互干扰，且抗干扰能力强。码分多路复用技术主要用于无线通信系统，特别是移动通信系统。例如，笔记本电脑或个人数字助理（Personal Data Assistant，PDA）及掌上电脑（Handed Personal Computer，HPC）等移动性计算机的联网通信就使用了这种技术。

3.5　数据差错控制技术

由于传输介质的各种原因，数据在实际的传输过程中可能会出现丢失或混乱。数据差错控制技术可以在传输过程中保证数据完整精确。

3.5.1　差错

差错是指在数据通信中接收端收到的数据与发送端实际发出的数据不一致的现象。

数据传输中的差错主要是由噪声引起的。噪声有两大类：一类是信道固有的、持续存在的随机热噪声；另一类是由外界特定的短暂原因引起的冲击噪声。

（1）热噪声引起的差错称为随机差错，所引起的某位码元的差错是孤立的，与前后码元没有关系。物理信道在设计时，总要保证达到相当大的信噪比，以尽可能减少热噪声的影响，因此热噪声导致的随机差错通常较少。

（2）冲击噪声呈突发状，由其引起的差错称为突发差错。冲击噪声幅度较大，影响一批连续的比特（突发长度），引起相邻多个数据位出错，是传输过程中产生差错的主要原因。

3.5.2　差错控制编码

信道编码分为检错编码和纠错编码两种。检错编码是能够自动发现错误的编码；纠错编码是能够发现错误且能够自动纠错的编码。常用的检错编码主要有奇偶校验码和循环冗余校验码两种。

1. 奇偶校验码

奇偶校验码（Parity Check Codes，PCC）是一种简单的检错编码。其校验规则是，在原数据位后附加校验位（冗余位），使得在附加后的整个数据码中的"1"的个数成为奇数或偶数（分别称为奇校验或偶校验）。

奇偶校验分为水平奇偶校验、垂直奇偶校验、水平垂直奇偶校验和斜奇偶校验。水平奇偶校验码表如表 3-1 所示。

表 3-1　水平奇偶校验码表

字　母	编码		
	信息比特		校验位
	7 6 5 4 3 2 1		
A	1 0 0 0 0 0 1		0
B	1 0 0 0 0 1 0		0
C	1 0 0 0 0 1 1		1
D	1 0 0 0 1 0 0		0

续表

字　母	编　码		
	信 息 比 特		校 验 位
	7 6 5 4 3 2 1		
E	1 0 0 0 1 0 1		1
F	1 0 0 0 1 1 0		1
G	1 0 0 0 1 1 1		0
校验位	1 0 0 0 0 0 0		1

奇偶校验的特点：检错能力低，只能检测出奇数位码错，有部分纠错能力。这种检错方法所用设备简单，容易实现（可以用硬件和软件方法实现）。

2. 循环冗余校验码

循环冗余校验码是数据通信领域中常用的一种查错校验码，采用多项式的编码方法，特征是信息字段和校验字段的长度可以任意选定。循环冗余校验（Cyclic Redundancy Check，CRC）是一种数据传输检错功能，对数据进行多项式计算，并将得到的结果附在帧的后面，接收设备也会执行类似的算法，以保证数据传输的正确性和完整性。

CRC 码由要传输的 k 位信息和附加的一个 r 位的校验序列构成，并以该 CRC 码进行发送和传输。CRC 码有着严密的数学基础，是在多项式代数运算基础上建立起来的。二进制码中的各位可看作一个多项式的系数，如码 110101 的对应多项式为

$$1X^5 + 1X^4 + 0X^3 + 1X^2 + 0X + 1 = X^5 + X^4 + X^2 + 1$$

在应用 CRC 码时，要进行码多项式运算，码多项式运算是按系数异或运算规则进行的。

设 $K(x)$ 为 k 位信息码多项式，$G(x)$ 为 r 阶($r+1$)位生成码多项式，$R(x)$ 为 r 位余式，即校验码多项式，则最后得到待传输的 CRC 码的($k+r$)位多项式 $K(x)+R(x)$，其对应的二进制码即 CRC 码。

CRC 码的编码过程：取 k 位信息码，将其左移 r 位，得到($k+r$)位二进制码；用生成码模 2 除（异或）该二进制码，得到 r 位余数，该余数即所得校验码；将该校验码加在原信息码后，就构成待传输的（$k+r$ 位）CRC 码（信息码加校验码）。

CRC 码的译码过程：接收端译码要求有两个，即检错和纠错。

（1）检错：原理和操作都很简单。以生成多项式 $G(x)$ 对应的代码模 2 除收到的代码，即 $T'(x)$ 对应的代码，若余数为 0，则说明传输过程无差错，否则有差错。

（2）纠错：接收端的纠错操作也很简单。如果有差错，要先确定一个差错模式 $e(x)$，则有

$$T(x) = T'(x) + e(x)$$

$T(x)$ 和 $T'(x)$ 分别为发送码和接收码的多项式。$e(x)$ 即 $T(x)/G(x)$，求得 $e(x)$，即可知道差错，进而就可以纠错了。

例：若待传输的信息序列为 1001001，生成多项式为 $G(x)=x^3+x^2+1$，求 CRC 码的校验序列，并验证接收到的码字 1001001111 的正确性。

编码：信息序列 1001001 对应的码多项式为 $K(x)=x^6+x^3+1$，则 $x^r \cdot K(x)=x^9+x^6+x^3$ 对应的代码为 1001001000（相当于信息码左移 3 位），生成多项式 $G(x)=x^3+x^2+1$ 对应的代码为 1101。

编码结果：得到校验序列 111。因此，传输的代码序列为 1001001111，码多项式为 $T(x)$。校验序列计算过程如图 3-11 所示。

译码：如果接收到的代码为 1001001111，则用其除以生成多项式对应的代码 1101，得余数为 0。这说明信息在传输过程中没错，将最后的 r 位校验码 "111" 去掉，就得到信息码 1001001。

译码并纠错：若收到的 $T(x)$ 代码为 1001001101，按原过程计算，将其除以生成多项式对应的代码 1101，得余数为 10。这说明传输有差错，差错 $e(x)=x$，其代码为 10，因此将其纠正 1001001101+10=1001001111。译码纠错计算过程如图 3-12 所示。

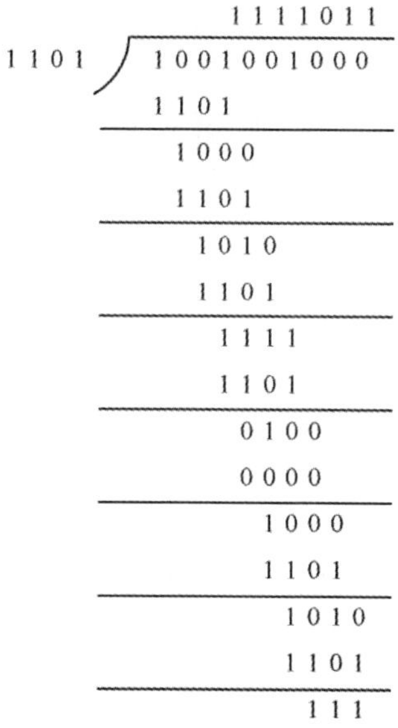

图 3-11　校验序列计算过程

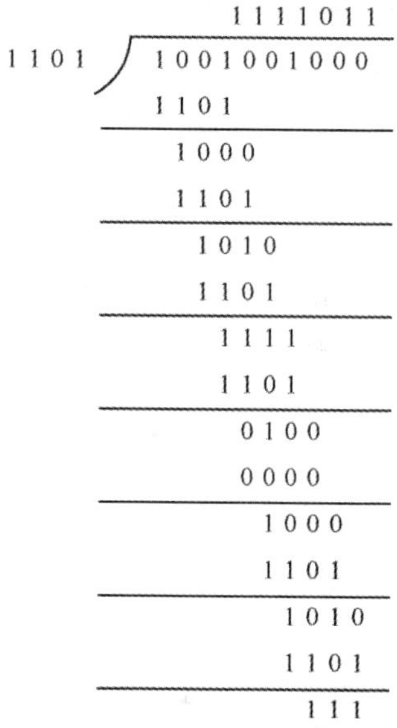

图 3-12　译码纠错计算过程

CRC 码的编码和译码过程可由软件实现，也可由硬件实现，如可用移位寄存器和半加器来实现。理论证明，CRC 码能够校验出全部奇数位错、全部偶数位错和全部小于或等于冗余位数的突发性错误。只要选择足够的冗余位，就可以使得漏检率减少到任意小的程度。

广泛使用的生成码多项式主要如下。

CRC4=x^4+x+1

CRC8=x^8+x^5+x^4+1

CRC8=x^8+x^2+x+1

CRC8=x^8+x^6+x^4+x^3+x^2+x

CRC12=x^{12}+x^{11}+x^3+x^2+x+1

CRC16=x^{16}+x^{15}+x^2+ 1　　　（IBM SDLC）

CRC16=x^{16}+x^{12}+x^5+ 1　　　（ISO HDLC）

CRC32=x^{32}+x^{26}+x^{23}+x^{22}+x^{16}+x^{11}+x^{10}+x^8+x^7+x^5+x^4+x^2+x+1　　　（ZIP，RAR）

3.5.3　差错控制技术

差错控制是指为防止各种因素引起的信息传输错误或将错误限制在所允许的范围内而采取的措施。

1．检错重发方法

由发送端发出能够发现（检测）错误的编码（检错码），接收端依据检错码的编码规则来判断编码中有无差错，并通过反馈信道把判断结果用规定信号告知发送端。发送端根据反馈信息，把接收端认为有差错的信息再重新发送一次或多次，直至接收端正确接收为止。接收端认为正确的信息不再重发，继续发送其他信息。这种方法称为检错重发方法。

2．前向纠错方法

由发送端发出能够纠错的码，接收端接收到这些码后，通过纠错译码器不仅能自动地发现错误，还能自动地纠正传输中的错误，并把纠错后的数据送到接收端。这种方法称为前向纠错方法。

3．反馈检错方法

接收端将接收到的信息码复制后原封不动地发回发送端，与发送端的原发信息码相比较，如果不一致，则发送端重发；如果一致，则说明无错，发送端通知接收端，接收端就将原复制信息接收下来。这种方法称为反馈检错方法。

4．混合纠错方法

将检错重发和前向纠错两种方法结合在一起可进行混合纠错。由发送端发出同时具有检错和纠错能力的编码，接收端接收到编码后检查差错情况，若差错在可纠正范围内，则自动纠正；若差错很多，超出了纠错能力，则经反馈信道送回发送端要求重发。

技能训练

实训 3-1：使用常用的网络命令

微课：常用网络命令的使用

1．实训目的

（1）掌握 ipconfig 命令的含义与应用。

（2）掌握 ping 命令的含义与应用。

（3）理解 netstat 命令的含义与应用。

（4）理解 tracert 命令的含义与应用。

（5）理解 arp 命令的含义与应用。

（6）理解 nslookup 命令的含义与应用。

（7）理解 route 命令的含义与应用。

2．实训内容和步骤

1）ipconfig 命令的使用

ipconfig 命令是运维经常使用的命令，可以查看网络连接的情况，如本机的 IP 地址、子网掩码、DNS 配置、DHCP 配置等，参数如下（见表 3-2）。

表 3-2 ipconfig 参数一览表

序 号	参 数	执行参数后的作用
1	/?	显示此帮助消息
2	/all	显示完整配置信息
3	/release	释放指定适配器的 IPv4 地址
4	/release6	释放指定适配器的 IPv6 地址
5	/renew	更新指定适配器的 IPv4 地址
6	/renew6	更新指定适配器的 IPv6 地址
7	/flushdns	清除 DNS 解析程序缓存的内容
8	/registerdns	刷新所有 DHCP 租用并重新注册 DNS 名称
9	/displaydns	显示 DNS 解析程序缓存的内容
10	/showclassid	显示适配器允许的所有 DHCP 类 ID
11	/setclassid	修改 DHCP 类 ID
12	/showclassid6	显示适配器允许的所有 IPv6 DHCP 类 ID
13	/setclassid6	修改 IPv6 DHCP 类 ID

步骤：按下"win+R"键弹出"运行"对话框，在弹出的对话框中输入"cmd"命令，按下 Enter 键，弹出 C:\WINDOWS\system32\cmd.exe 窗口，输入"ipconfig/all"命令，按下 Enter 键，如下所示。

```
C:\Users\admin>ipconfig/all
Windows IP 配置
    主机名 ............: DESKTOP-SA9A8Q8
    主 DNS 后缀 ..........:
    节点类型 ............:混合
    IP 路由已启用 ..........:否
    WINS 代理已启用 ..........:否
无线局域网适配器 WLAN:
    连接特定的 DNS 后缀 ........:
    描述...............: Realtek 8822CE Wireless LAN 802.11ac
PCI-E NIC
    物理地址.............: 5C-3A-45-E5-E8-8F
    DHCP 已启用 ..........:是
    自动配置已启用..........:是
    本地链接 IPv6 地址........: fe80::9c79:aed9:29ea:e7df%14(首选)
    IPv4 地址 ............: 192.168.50.210(首选)
    子网掩码 ............: 255.255.255.0
    获得租约的时间 ..........: 2022 年 4 月 18 日 14:47:31
    租约过期的时间 ..........: 2022 年 4 月 23 日 15:22:34
    默认网关.............: 192.168.50.1
    DHCP 服务器 ...........: 192.168.50.1
    DHCPv6 IAID ..........: 140261957
    DHCPv6 客户端 DUID ......: 00-01-00-01-28-E1-B8-33-00-2B-67-B7-E7-7E
    DNS 服务器 ...........: 192.168.50.1
    TCPIP 上的 NetBIOS .......:已启用
```

2）ping 命令的使用

ping 命令是 Windows 自带的、能够执行的命令中的一个，用这个命令通过发送数据包并接收应答信息能够检查网络是不是可以连通，能够较好地帮助计算机用户对网络出现的故障及故障地点进行预测、分析及判定。ping 命令在安装了 TCP 或 IP 协议的数码产品上才能使用，参数如下（见表 3-3）。

表 3-3　ping 参数一览表

序　号	参　数	执行参数后的作用
1	-t	ping 指定的主机，直到停止。若要查看统计信息并继续操作，请键入"Ctrl+Break"；若要停止，请键入"Ctrl+C"
2	-a	将地址解析为主机名
3	-n count	要发送的回显请求数
4	-l size	发送缓冲区大小
5	-f	在数据包中设置"不分段"标记（仅适用于 IPv4）
6	-i TTL	生存时间
7	-v	TOS 服务类型（仅适用于 IPv4。该设置已被弃用，对 IP 标头中的服务类型字段没有任何影响）
8	-r count	记录计数跃点的路由（仅适用于 IPv4）
9	-s count	计数跃点的时间戳（仅适用于 IPv4）
10	-j host-list	与主机列表一起使用的松散源路由（仅适用于 IPv4）
11	-k host-list	与主机列表一起使用的严格源路由（仅适用于 IPv4）
12	-w timeout	等待每次回复的超时时间（ms）
13	-R	同样使用路由标头测试反向路由（仅适用于 IPv6）。根据 RFC 5095，已弃用此路由标头。如果使用此标头，某些系统可能丢弃回显请求
14	-S srcaddr	要使用的源地址
15	-c compartment	路由隔离舱标识符
16	-p	Ping Hyper-V 网络虚拟化提供程序地址
17	-4	强制使用 IPv4
18	-6	强制使用 IPv6

步骤：按下"win+R"键，弹出"运行"对话框，在弹出的对话框中输入"cmd"命令，按下 Enter 键，弹出 C:\WINDOWS\system32\cmd.exe 窗口，输入"ping 网址"命令，按下 Enter 键，如下所示。

```
C:\Users\admin>ping www.baidu.com
正在 ping www.a.shifen.com [183.232.231.172] 具有 32 字节的数据：
来自 183.232.231.172 的回复: 字节=32 时间=87ms TTL=54
来自 183.232.231.172 的回复: 字节=32 时间=36ms TTL=54
来自 183.232.231.172 的回复: 字节=32 时间=50ms TTL=54
来自 183.232.231.172 的回复: 字节=32 时间=45ms TTL=54
183.232.231.172 的 ping 统计信息：
    数据包：已发送 = 4，已接收 = 4，丢失 = 0 (0% 丢失)，
往返行程的估计时间(以 ms 为单位)：
    最短 = 36ms，最长 = 87ms，平均 = 54ms
```

3）netstat 命令的使用

netstat 命令是 DOS 命令，是一个监控 TCP/IP 网络的非常有用的命令，可以显示路由表、实际的网络连接及每一个网络端口设备的状态信息。netstat 命令用于显示与 IP、TCP、UDP 和 ICMP 协议相关的统计数据，一般用于检验本机各端口的网络连接情况，参数如下（见表 3-4）。

表 3-4　netstat 参数一览表

序　号	参　数	执行参数后的作用
1	-a	显示所有连接和侦听端口
2	-b	显示在建立每个连接或侦听端口时涉及的可执行文件。在某些情况下，已知可执行文件托管多个独立的组件，此时会显示建立连接或侦听端口时涉及的组件序列。在此情况下，可执行文件的名称位于底部 [] 中，它调用的组件位于顶部，直至达到 TCP/IP。注意，此选项可能很耗时，并且可能因为没有足够的权限而失败
3	-e	显示以太网统计信息。此选项可以与 -s 选项结合使用
4	-f	显示外部地址的完全限定域名（FQDN）
5	-n	以数字形式显示地址和端口号
6	-o	显示拥有的与每个连接关联的进程 ID
7	-p proto	显示 proto 指定的协议的连接；proto 可以是下列任何一个：TCP、UDP、TCPv6 或 UDPv6。如果与 -s 选项一起，则用来显示每个协议的统计信息，此时 proto 可以是下列任何一个：IP、IPv6、ICMP、ICMPv6、TCP、TCPv6、UDP 或 UDPv6
8	-q	显示所有连接、侦听端口和绑定的非侦听 TCP 端口。绑定的非侦听端口不一定与活动连接相关联
9	-r	显示路由表
10	-s	显示每个协议的统计信息。在默认情况下，显示 IP、IPv6、ICMP、ICMPv6、TCP、TCPv6、UDP 和 UDPv6 的统计信息；-p 选项可用于指定默认的子网
11	-t	显示当前连接卸载状态
12	-x	显示 NetworkDirect 连接、侦听器和共享终节点
13	-y	显示所有连接的 TCP 连接模板，无法与其他选项结合使用
14	interval	重新显示选定的统计信息，各个显示间暂停的间隔秒数。按下"CTRL+C"键停止重新显示统计信息。如果省略，则 netstat 将打印当前的配置信息一次

步骤：按下"win+R"键，弹出"运行"对话框，在弹出的对话框中输入"cmd"命令，按下 Enter 键，弹出 C:\WINDOWS\system32\cmd.exe 窗口，输入"netstat -a"命令，按下 Enter 键，如下所示。

```
C:\Users\admin>netstat -a
活动连接
  协议    本地地址              外部地址            状态
  TCP    0.0.0.0:21           DESKTOP-SA9A8Q8:0      LISTENING
  TCP    0.0.0.0:135          DESKTOP-SA9A8Q8:0      LISTENING
  TCP    0.0.0.0:443          DESKTOP-SA9A8Q8:0      LISTENING
  ......
```

4）tracert 命令的使用

tracert（跟踪路由）命令是路由跟踪实用程序，用于确定 IP 数据报访问目标路径。tracert 命令用 IP 生存时间（TTL）字段和 ICMP 错误消息来确定从一台主机到网络上其他主机的路由。

步骤：按下"win+R"键，弹出"运行"对话框，在弹出的对话框中输入"cmd"命令，按下 Enter 键，弹出 C:\WINDOWS\system32\cmd.exe 窗口，输入"tracert 网址"命令，按下 Enter 键，如下所示。

```
C:\Users\admin>tracert baidu.com
通过最多 30 个跃点跟踪到 baidu.com [220.181.38.148] 的路由:
  1     2 ms     2 ms     3 ms  RT-AC86U-D560 [192.168.50.1]
  2     4 ms     2 ms     5 ms  192.168.1.1
  3    20 ms    11 ms    14 ms  10.242.0.1
```

```
   4     16 ms      4 ms       5 ms  218.207.44.61
   5     14 ms      6 ms       6 ms  218.207.44.241
   6      *          *          *    请求超时。
   7     39 ms     38 ms      40 ms  221.183.72.9
   8      *          *        38 ms  221.183.94.22
   9      *          *        42 ms  221.183.86.50
  10      *          *        39 ms  202.97.17.61
  11      *          *          *    请求超时。
  12      *          *          *    请求超时。
  13      *          *          *    请求超时。
  14      *          *          *    请求超时。
  15      *          *          *    请求超时。
  16      *          *          *    请求超时。
  17     71 ms     46 ms      64 ms  220.181.38.148
跟踪完成。
```

5）arp 命令的使用

ARP（地址转换协议）是 TCP/IP 协议族中的一个重要协议，用于确定对应 IP 地址的网卡物理地址。

使用 arp 命令，能够查看本地计算机或另一台计算机的 ARP 高速缓存中的当前内容。此外，使用 arp 命令可以人工设置静态的网卡物理地址/IP 地址对，使用这种方式可以为默认网关和本地服务器等常用主机进行本地静态配置，这有助于减少网络上的信息量。按照默认设置，ARP 高速缓存中的项目是动态的，每当向指定地点发送数据且此时 ARP 高速缓存中不存在当前项目时，ARP 便会自动添加该项目。arp 参数一览表如表 3-5 所示。

表 3-5　arp 参数一览表

序　号	参　　数	执行参数后的作用
1	-a	通过询问当前协议数据，显示当前 ARP 项。如果指定 inet_addr，则只显示指定计算机的 IP 地址和物理地址；如果不止一个网络接口使用 ARP，则显示每个 ARP 表的项
2	-g	与 -a 相同
3	-v	在详细模式下显示当前 ARP 项，所有无效项和环回接口上的项都将显示
4	inet_addr	指定 Internet 地址
5	-N	显示 if_addr 指定的网络接口的 ARP 项
6	-d	删除 inet_addr 指定的主机。inet_addr 可以是通配符 *，以删除所有主机
7	if_addr	如果存在，则此项指定地址转换表应修改的接口的 Internet 地址；如果不存在，则使用第一个适用的接口
8	-s	添加主机并且将 Internet 地址 inet_addr 与物理地址 eth_addr 相关联，物理地址是用连字符分隔的 6 个十六进制字节。该项是永久的
9	eth_addr	指定物理地址

步骤：按下"win+R"键，弹出"运行"对话框，在弹出的对话框中输入"cmd"命令，按下 Enter 键，弹出 C:\WINDOWS\system32\cmd.exe 窗口，输入"arp -a"命令，按下 Enter 键，如下所示。

```
C:\Users\admin>arp -a
接口: 192.168.50.210 --- 0xe
  Internet 地址          物理地址            类型
  192.168.50.1          04-d4-c4-43-d5-60     动态
```

```
192.168.50.138          b6-ed-ca-5e-a5-2a          动态
192.168.50.255          ff-ff-ff-ff-ff-ff          静态
224.0.0.2               01-00-5e-00-00-02          静态
224.0.0.22              01-00-5e-00-00-16          静态
224.0.0.251             01-00-5e-00-00-fb          静态
224.0.0.252             01-00-5e-00-00-fc          静态
239.11.20.1             01-00-5e-0b-14-01          静态
239.255.255.250         01-00-5e-7f-ff-fa          静态
255.255.255.255         ff-ff-ff-ff-ff-ff          静态
```

6）nslookup 命令的使用

nslookup 是查询域名信息的一个非常有用的命令，是由 Local DNS 中的 Cache 直接读出来的，而不是 Local DNS 向真正负责这个 Domain 的 Name Server 问来的。nslookup 必须在安装了 TCP/IP 协议的网络环境中才能使用。

步骤：按下"win+R"键，弹出"运行"对话框，在弹出的对话框中输入"cmd"命令，按下 Enter 键，弹出 C:\WINDOWS\system32\cmd.exe 窗口，输入"nslookup 网址"命令，按下 Enter 键，如下所示。

```
C:\Users\admin>nslookup www.baidu.com
服务器：  RT-AC86U-D560
Address:  192.168.50.1
非权威应答：
名称：    www.a.shifen.com
Addresses:  183.232.231.174
            183.232.231.172
Aliases:  www.baidu.com
```

7）route 命令的使用

大多数主机一般都驻留在只连接一台路由器的网段上。由于只有一台路由器，因此不存在选择使用哪一台路由器将数据包发送到远程计算机上的问题，该路由器的 IP 地址可作为该网段上所有计算机的默认网关。

步骤：按下"win+R"键，弹出"运行"对话框，在弹出的对话框中输入"cmd"命令，按下 Enter 键，弹出 C:\WINDOWS\system32\cmd.exe 窗口，输入"route 参数"命令，按下 Enter 键。例如，route print，本命令用于显示路由表中的当前项目，在单个路由器网段上的输出结果如下所示。

```
C:\Users\admin>route print
===========================================================================
接口列表
 15...00 2b 67 b7 e7 7e ......Realtek PCIe GbE Family Controller
 13...0a 00 27 00 00 0d ......VirtualBox Host-Only Ethernet Adapter
 12...5e 3a 45 e5 e8 8f ......Microsoft Wi-Fi Direct Virtual Adapter
 18...de 3a 45 e5 e8 8f ......Microsoft Wi-Fi Direct Virtual Adapter #2
  3...00 50 56 c0 00 01 ......VMware Virtual Ethernet Adapter for VMnet1
  7...00 50 56 c0 00 08 ......VMware Virtual Ethernet Adapter for VMnet8
  6...5c 3a 45 e5 e8 90 ......Bluetooth Device (Personal Area Network)
  1...........................Software Loopback Interface 1
 14...5c 3a 45 e5 e8 8f ......Realtek 8822CE Wireless LAN 802.11ac PCI-E NIC
===========================================================================
```

```
IPv4 路由表
===========================================================================
活动路由:
网络目标            网络掩码              网关             接口            跃点数
        0.0.0.0          0.0.0.0    192.168.50.1    192.168.50.210    200
      127.0.0.0        255.0.0.0        在链路上        127.0.0.1      331
      127.0.0.1  255.255.255.255        在链路上        127.0.0.1      331
127.255.255.255  255.255.255.255        在链路上        127.0.0.1      331
   192.168.50.0    255.255.255.0        在链路上    192.168.50.210    356
 192.168.50.210  255.255.255.255        在链路上    192.168.50.210    356
 192.168.50.255  255.255.255.255        在链路上    192.168.50.210    356
   192.168.56.0    255.255.255.0        在链路上     192.168.56.1     281
   192.168.56.1  255.255.255.255        在链路上     192.168.56.1     281
 192.168.56.255  255.255.255.255        在链路上     192.168.56.1     281
   192.168.72.0    255.255.255.0        在链路上     192.168.72.1     291
   192.168.72.1  255.255.255.255        在链路上     192.168.72.1     291
 192.168.72.255  255.255.255.255        在链路上     192.168.72.1     291
  192.168.100.0    255.255.255.0        在链路上    192.168.100.1     291
  192.168.100.1  255.255.255.255        在链路上    192.168.100.1     291
192.168.100.255  255.255.255.255        在链路上    192.168.100.1     291
      224.0.0.0        240.0.0.0        在链路上        127.0.0.1      331
      224.0.0.0        240.0.0.0        在链路上     192.168.56.1     281
      224.0.0.0        240.0.0.0        在链路上    192.168.50.210    356
      224.0.0.0        240.0.0.0        在链路上    192.168.100.1     291
      224.0.0.0        240.0.0.0        在链路上     192.168.72.1     291
255.255.255.255  255.255.255.255        在链路上        127.0.0.1      331
255.255.255.255  255.255.255.255        在链路上     192.168.56.1     281
255.255.255.255  255.255.255.255        在链路上    192.168.50.210    356
255.255.255.255  255.255.255.255        在链路上    192.168.100.1     291
255.255.255.255  255.255.255.255        在链路上     192.168.72.1     291
===========================================================================
永久路由:
  无
```

知识小结

计算机网络是计算机技术与通信技术的结合，代表了当代计算机体系机构发展的重要方向。数据通信用通信线路和通信设备把两个节点连接起来进行数据传输或交换，是计算机网络的基础。数据通信系统由信源、信宿和信道三个要素构成。根据通信信号的不同，数据通信可以分为模拟通信和数字通信，二者在实际生活中都有较广泛的应用。数据传输方式决定数据在信道上传输的性能，可以从传输顺序、传输信号及传输流向和事件关系等方面划分成不同的传输形式。

在数据通信系统中，终端与计算机之间，或者计算机与计算机之间传输需要建立连接，根据数据传输方式不同，可以分为电路交换、报文交换和分组交换。在数据传输过程中也可以建立用户共享机制，但是考虑到传输介质等方面的原因，数据在传输过程中会有所不同，因此需要进行差错控制。

理论练习

1. 填空题

（1）数据分为_____和_____两种表现形式。

（2）信道带宽是指信道可传输的信号_____与_____之差，以_____为单位。

（3）根据数据在信道上的流向和时间关系特点，数据通信可以分为_____、_____和_____三种数据传输方式。

（4）信道编码分为_____和_____两种。

2. 选择题

（1）全双工通信是指（   ）。

    A．通信双方可同时进行收、发信息的工作方式

    B．通信双方都能收、发信息，但不能同时进行收、发信息的工作方式

    C．信息只能单方向发送的工作方式

    D．通信双方不能同时进行收、发信息的工作方式

（2）完整的数据通信系统由（   ）构成。

    A．信源、信道、信宿

    B．信源、变换器、信宿

    C．信源、变换器、信宿

    D．变换器、信道、反变换器

（3）（   ）是一种按频率来划分信道的复用方式，它将物理信道的总带宽分割成若干条互不重叠的子信道，每一条子信道传输一路信号。

    A．波分多路复用   B．频分多路复用

    C．时分多路复用   D．码分多路复用

（4）（   ）方式，就是通过网络中的节点在两个站之间建立一条专用的通信线路，是两个站之间的一条实际的物理连接。

    A．电路交换   B．分组交换   C．电流交换   D．分页交换

（5）假设传输 1KB 的数据，其中有 1 位出错，则信道的误码率为（   ）。

    A．1   B．1/1024   C．0.125   D．1/8192

（6）在数据通信中，当发送数据出现差错时，发送端无须进行数据重发的差错控制方式是（   ）。

    A．ARQ   B．FEC   C．BEC   D．CRC

（7）关于电路交换和分组交换，下列说法不正确的是（   ）。

    A．电路交换是面向连接的

    B．分组交换是面向无连接的

    C．分组交换使用的是存储转发技术

    D．电路交换的传输效率往往很高

（8）根据信号中代表消息的参数的取值方式可以将信号分为（　　）。

    A．基带信号和频带信号　　　　　　　B．模拟信号和数字信号

    C．数字信号和离散信号　　　　　　　D．模拟信号和连续信号

（9）数据通信系统的模型不包括（　　）。

    A．源系统　　　　B．传输系统　　　C．转换系统　　　D．目的系统

（10）下列交换技术中，节点不采用"存储—转发"方式的是（　　）。

    A．电路交换技术　　　　　　　　　　B．报文交换技术

    C．虚电路交换技术　　　　　　　　　D．数据报交换技术

3. 简答题

（1）数据通信模型由哪几个部分构成？其各部分功能是什么？

（2）通信信道有哪些分类？

（3）什么是数据传输速率？用什么来表示？

（4）什么是数据传输？其模式有哪些？

（5）什么是多路复用技术？常用的多路复用技术有哪些？

（6）常用的数据交换方式有哪些？

（7）报文交换方式与电路交换方式相比有什么特点？

（8）说明分组交换与报文交换相比所具备的优点。

第4章

局域网技术

学习导入

局域网是当今在企业、机关、学校、家庭中得到广泛应用的计算机网络，是计算机应用中一个空前活跃的重要领域，同时是计算机、通信、电子、光电子和多媒体技术相互渗透、发展而形成的一门新兴学科分支，其理论方法和实践手段仍在不断发展。因此，学习和掌握局域网的基本知识，对人们的学习和工作显得十分重要。本章主要介绍局域网的参考模型、介质访问控制方法、IEEE 802 标准，以太网技术、交换式以太网、VLAN 及无线局域网等内容。

思维导图

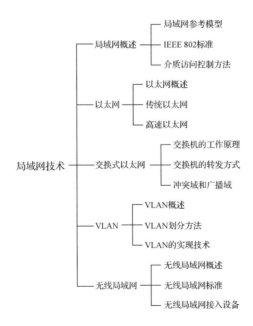

- 掌握局域网概念。
- 掌握局域网标准。
- 掌握局域网介质访问控制方法。
- 理解以太网原理。
- 理解交换式以太网原理。
- 了解 VLAN 工作原理。
- 理解无线局域网功能。
- 理解无线局域网实现方法。

相关知识

4.1　局域网概述

　　局域网是指在一个小范围内（一般不超过 10km）将各种通信设备连接在一起，实现资源共享和信息交换的计算机网络。从功能的角度来看，局域网具有以下几个特点。

- 共享传输信道。在局域网中，多个系统连接到一个共享的通信媒体上。
- 地理范围有限，用户个数有限。通常局域网仅为一个单位服务，只在一个相对独立的局部范围内联网，如一座楼或集中的建筑群内。一般来说，局域网的覆盖范围为 10m～10km，最多不超过 25km。
- 传输速率高。共享局域网的传输速率通常为 1Mbit/s～100 Mbit/s，交换式局域网的传输速率目前最高达到 1Gbit/s，支持高速数据通信，所以时延较小。
- 误码率低。传输方式通常为基带传输，并且传输距离短，故误码率低，一般在 10^{-11}～10^{-8} 范围内。
- 局域网通常属于某一个单位，被一个单位或部门控制、管理和应用。
- 便于安装、维护和扩充，建网成本低、周期短。

4.1.1　局域网参考模型

　　IEEE 802 局域网/城域网标准化委员会主要研究解决一个局部范围内的计算机的组网问题，因此研究者只需要解决 OSI 参考模型中数据链路层与物理层之间的问题。OSI 参考模型和局域网参考模型的对比如图 4-1 所示。

　　局域网只涉及通信子网的功能，即同一个网络节点与节点之间的物理层和数据链路层。数据链路层分为介质访问控制（Media Access Control，MAC）子层和逻辑链路控制（Logical Link Control，LLC）子层，如图 4-2 所示。

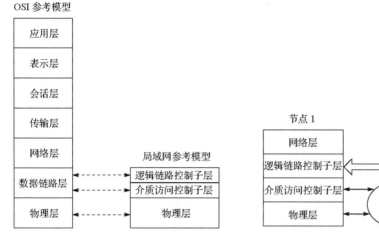

图 4-1　OSI 参考模型和局域网参考模型的对比　　　　图 4-2　数据链路层的两个子层

1．物理层

物理层（Physical Layer）为传输数据所需要的物理链路的创建、维持、拆除提供具有机械的、电子的、功能的和规范的特性。物理层确保原始数据在各种物理媒体上传输，涉及在通信线路上传输的二进制比特流。

2．数据链路层

数据链路层（Data Link Layer）在物理层提供服务的基础上向网络层提供服务，其最基本的服务是将来自物理层的数据可靠地传输到相邻节点的目标机网络层。

（1）逻辑链路控制子层。逻辑链路控制子层为上层协议提供 SAP 服务访问点，并为数据加上控制信息，其协议为 IEEE 802.2，为以太网和令牌环网提供通用功能。

（2）介质访问控制子层。介质访问控制子层负责 MAC 寻址和定义介质访问控制方法。

不同局域网在介质访问控制子层和物理层之间可采用不同的协议，而在逻辑链路控制子层和物理层之间必须采用相同的协议。LLC 子层与底层具体采用的传输介质、介质访问控制方法无关。

4.1.2　IEEE 802 标准

IEEE 802 标准是局域网/城域网标准化委员会（LAN /MAN Standards Committee，LMSC）提出的，致力于研究局域网/城域网的物理层和 MAC 层中定义的服务和协议，对应 OSI 参考模型的最低两层（物理层和数据链路层）。IEEE 于 1980 年 2 月成立了 IEEE 802 委员会，专门研究和指定有关局域网的各种标准。IEEE 802 标准的大部分是在 20 世纪 80 年代由 IEEE 802 委员会制定的，当时个人计算机联网刚刚兴起。随着网络技术的不断进步，IEEE 802 委员会扩充和制定了不少新的标准，EEE 802 家族越来越庞大，成员越来越多，广泛应用于以太网、令牌环网、无线局域网等。IEEE 802 标准内部关系如图 4-3 所示。

图 4-3　IEEE 802 标准内部关系

IEEE 802 系列标准如下。

IEEE 802.1 标准：定义了局域网体系结构、网络互联及网络管理与性能测试。

IEEE 802.2 标准：定义了逻辑链路控制（LLC）子层的功能和服务。

IEEE 802.3 标准：定义了 CSMA/CD 总线介质访问控制子层与物理层规范。

IEEE 802.4 标准：定义了令牌总线介质访问控制子层与物理层规范。

IEEE 802.5 标准：定义了令牌环介质访问控制子层与物理层规范。

IEEE 802.6 标准：定义了城域网（MAN）介质访问控制子层与物理层规范。

IEEE 802.7 标准：定义了宽带网络规范。

IEEE 802.8 标准：定义了光纤传输规范。

IEEE 802.9 标准：定义了综合语音与数据局域网（IVD LAN）规范。

IEEE 802.10 标准：定义了可互操作的局域网安全性规范（SILS）。

IEEE 802.11 标准：定义了无线局域网规范。

IEEE 802.12 标准：定义了 100VG-Any LAN 规范。

IEEE 802.13 标准：定义了有线电视（Cable TV）的技术规范。

IEEE 802.14 标准：定义了电缆调制解调器（Cable Modem）标准。

IEEE 802.15 标准：定义了近距离个人无线网络标准。

IEEE 802.16 标准：定义了宽带无线城域网标准。

IEEE 802.17 标准：定义了弹性分组环（Resilient Packet Ring）技术规范。

IEEE 802.18 标准：定义了无线管制（Radio Regulatory）技术规范。

IEEE 802.19 标准：定义了共存（Coexistence）技术规范。

IEEE 802.20 标准：定义了移动宽带无线接入（Mobile Broadband Wireless Access，MBWA）技术规范。

IEEE 802.21 标准：定义了媒质无关切换（Media Independent Handoff，MIH）技术规范。

4.1.3　介质访问控制方法

在局域网中，一条传输介质上经常连有多台计算机，如总线局域网和环形局域网，大家共享一条传输介质，而一条传输介质在某一时间内只能被一台计算机使用，那么在某一时刻会出现冲突现象。总线局域网中的冲突现象如图 4-4 所示。为了避免这样的冲突，就需要有一个共同遵守的方法或原则来控制、协调各计算机对传输介质的同时访问，这就是协议或称为介质访问控制方法。

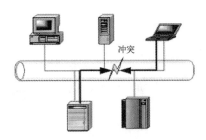

图 4-4　总线局域网中的冲突现象

计算机局域网常用的访问控制方法有三种：带有冲突检测功能的载波侦听多路访问法（CSMA/CD）、令牌环（Token Ring）访问控制法、令牌总线（Token Bus）访问控制法，用于不同的拓扑结构。

1. 带有冲突检测功能的载波侦听多路访问法

最早的 CSMA 方法起源于美国夏威夷大学的 ALOHA 广播分组网络，1980 年美国 DEC、Intel 和 Xerox 公司联合宣布 Ethernet 采用 CSMA 技术，并增加了冲突检测功能，称为 CSMA/CD。这种方法适用于总线拓扑结构和树形拓扑结构，主要解决如何共享一条公用广播传输介质的问题。其简单原理是，在网络中，任何一个工作站在发送信息前，都要侦听一下网络中有无其他工作站在发送信号，如无则立即发送，如有（信道被占用）则此工作站要等一段时间才能争取发送权。等待时间由两种方法确定，一种是某工作站检测到信道被占用后，继续检测直到信道空闲；另一种是某工作站检测到信道被占用后，等待一个随机时间进行检测，直到信道空闲后再发送。

CSMA/CD 要解决的一个主要问题是如何检测冲突。当网络处于空闲的某一瞬间，有两个或两个以上工作站要同时发送信息时，同步发送的信号就会引起冲突，现由 IEEE 802.3 标准确定的 CSMA/CD 检测冲突的方法是，当一个工作站开始占用信道发送信息时，用冲突检测器继续对网络检测一段时间，即一边发送，一边侦听，把发送的信息与侦听的信息进行比较，如果结果一致，则说明发送正常，抢占总线成功，可继续发送；如果结果不一致，则说明有冲突，应立即停止发送，等待一个随机时间，再重复上述过程进行发送。

CSMA/CD 的工作原理可以概括如下：先听后说，边听边说；一旦冲突，立即停说；等待时机，稍后再说（听即侦听、检测之意，说即发送数据之意）。

CSMA/CD 可以减少冲突，但不能从根本上消除冲突，其工作流程如图 4-5 所示。

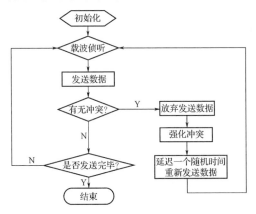

图 4-5　CSMA/CD 工作流程

（1）想发送信息包的站要确保现在没有其他节点和站在使用共享介质，所以该站首先要侦听信道上的动静（先听后说）。

（2）如果信道在一定时间段内寂静无声，该站就开始传输。

（3）如果信道一直很忙碌，就一直侦听信道，直到出现最小的帧间 IFG 时段时，该站开始发送数据。

（4）如果两个站或更多的站都在侦听和等待发送，然后在信道空时同时决定立即开始发送数据，此时就发生碰撞。这一事件会导致冲突，并使双方信息包都受到损坏，因此以太网在传输过程中不断地侦听信道，以检测碰撞冲突。

（5）如果一个站在传输期间检测出碰撞冲突，则立即停止该次传输，并向信道发出一个"拥挤"信号，以确保所有其他站也发现该冲突，从而摒弃可能一直在接收的受损的信息包。

（6）在等待一段时间后，想发送的站试图进行新的发送。一种特殊的随机后退算法决定了不同的站在试图再次发送数据前要等待一段时间。

CSMA/CD 的优点是原理比较简单，技术易实现，网络中各工作站处于平等地位，不需要集中控制，不提供优先级控制。但在网络负载增大时，发送时间增长，发送效率急剧下降。

2. 令牌环访问控制法

IEEE 802.5 标准协议规定了令牌环访问控制法和物理层技术规范，采用 IEEE 802.5 标准协议的网络称为令牌环（Token-Ring）网。令牌环访问控制法是在 1984 年由 IBM 公司推出来的，后来由 IEEE 将其确定为国际标准，即 IEEE 802.5 标准。

令牌环访问控制法只适用于环形拓扑结构的局域网。其主要原理是使用一个称为令牌的控制标志（令牌是一个二进制字节，由"空闲"与"忙"两种编码标志来实现，无目的地址和源地址），当无信息在环上传输时，令牌处于"空闲"状态，它沿环从一个工作站到另一个工作站不停地进行传输。当某个工作站准备发送信息时，就必须等待，直到检测并捕获到经过该站的令牌为止，随后将令牌的控制标志从"空闲"状态变为"忙"状态，并发送出一帧信息。其他的工作站随时检测经过本站的帧，当发送帧的目的地址与本站地址相符时，就接收该帧，待复制完毕再转发此帧，直到该帧沿环一周返回发送站，并收到接收站指向发送站的肯定应答信息时，才将发送的帧信息进行清除，并使令牌标志处于"空闲"状态，继续插入环中。当另一个新的工作站需要发送数据时，按前述过程，检测到令牌，修改状态，把信息装配成帧，进行新一轮的发送。

从以上描述可以看出，令牌环网中的数据传输过程主要有三个步骤。

（1）捕获令牌并发送数据帧。

（2）接收和转发数据帧。

（3）撤销数据帧并释放令牌。

令牌环访问控制法的优点是能提供优先权服务，有很强的实时性，在重负载环路中，令牌以循环方式工作，效率较高。其缺点是控制电路较复杂，令牌容易丢失。但 IBM 公司在 1985 年已解决了实用问题，近年来采用令牌环访问控制法的令牌环网的实用性已大大增强。

下面用一个具体的例子说明令牌环网的工作过程。假设此例中站点 A、B 均有数据帧要发送，它们分别需要发送到站点 C 和 D。

数据传输过程如图 4-6 所示，其中共有 4 个站点，当环路空闲时，令牌一直绕环运行。当站点 A 捕获到令牌后，首先向环上发送一个帧 F1，紧跟着释放令牌 T，帧 F1 的目的地址是站点 C；站点 B 先转发站点 A 的帧，在捕获到由站点 A 发出的令牌 T 后，因其有数据要求发送，于是将令牌 T 吸收，同时发送一个帧 F2（帧 F2 发往站点 D），再将令牌 T 释放回环上；站点 C 在接收到帧后，将属于自己的帧 F1 复制下来，并把帧 F1、帧 F2 转发到站点 D；站点 D 接收到帧后，先转发帧 F1，再复制帧 F2，并将帧 F2 转发至站点 A；站点 A 接收到帧后，先将帧 F1 吸收，再将后面的帧 F2 转发给站点 B；站点 B 接收到帧 F2 后，把它从环上删除，但令牌仍然放回环上继续绕行。

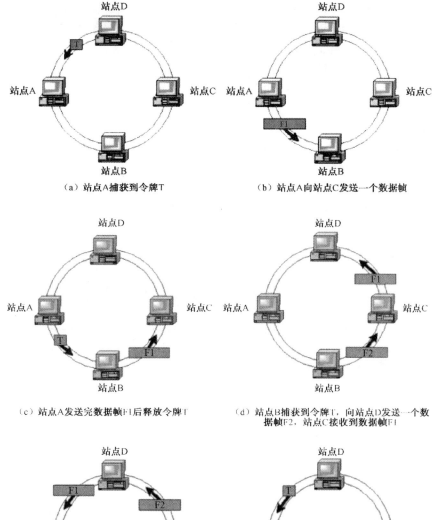

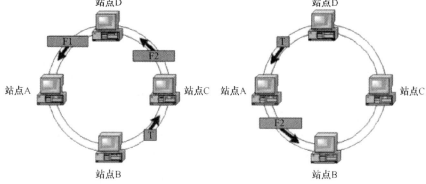

图 4-6　数据传输过程

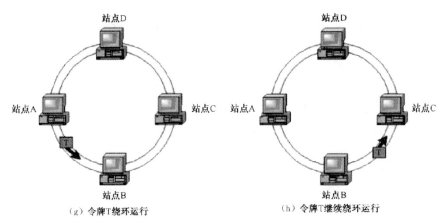

图 4-6 数据传输过程（续）

3. 令牌总线访问控制法

采用 IEEE 802.4 标准协议的网络是令牌总线网（Token-Bus），IEEE 802.4 标准协议规定了令牌总线访问控制法和物理层技术规范。

令牌总线主要用于总线或树形网络结构中。令牌总线访问控制法将局域网物理总线的站点构成一个逻辑环，每一个站点都在一个有序的序列中被指定一个逻辑位置，序列中最后一个站点的后面跟着第一个站点，每个站点都知道在它之前的前趋站和在它之后的后继站标识。令牌总线网如图 4-7 所示。

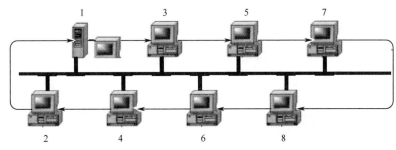

图 4-7 令牌总线网

从图 4-7 中可以看出，在物理结构上令牌总线网是一个总线结构局域网，但是在逻辑结构上形成了一种环形结构的局域网，与令牌环网一样，站点只有取得令牌，才能发送帧，而令牌在逻辑环上依照 1→3→5→7→8→6→4→2→1 的顺序循环传输。

在正常运行时，当站点做完该做的工作或时间结束时，它将令牌传输给逻辑序列中的下一个站点。从逻辑上看，令牌按地址的递减顺序传输至下一个站点，但从物理上看，带有目的地址的令牌帧会广播到总线上所有的站点，当目的站点识别出符合它的地址时，即接收该令牌帧。应该指出，总线上站点的实际顺序与逻辑顺序并无对应关系。

只有收到令牌帧的站点才能将信息帧送到总线上，信息是双向传输的，每个站点都可检测到其他站点发出的信息。在传输令牌时，都要加上目的地址，所以只有检测并得到令牌的工作站才能发送信息。令牌总线访问控制法不同于 CSMA/CD，可在总线和树形结构中避免冲突。由于令牌总线不可能产生冲突，令牌总线的信息帧长度只需要根据要传输的信息长度来确定，因此没有最短帧长度的要求。而对于 CSMA/CD，为了使最远距离的站点也能检测到冲突，需要在实际的信息长度后添加填充位，以满足最短帧长度的要求。

令牌总线访问控制法的一个特点是站点有公平的访问权。如果取得令牌的站点有信息要发送，则可发送，随后将令牌传输给下一个站点；如果取得令牌的站点没有信息要发送，则立刻把令牌传输到下一个站点。站点接收到令牌的过程是顺序依次进行的，因此对所有站点来说，都有公平的访问权。当然可以设置优先级，也可以不设。另外，令牌总线访问控制法还有较好的吞吐能力，吞吐量随数据传输速率提高而加大，联网距离较 CSMA/CD 大；缺点是控制电路较复杂、成本高，在轻负载时，线路传输效率低。

4.2 以太网

以太网是指由 Xerox 公司创建并由 Xerox、Intel 和 DEC 公司联合开发的基带局域网规范。以太网使用 CSMA/CD 技术，并以 10Mbit/s 的速率运行在多种类型的电缆上。以太网与 IEEE 802.3 系列标准类似。以太网不是一种具体的网络，是一种技术规范。以太网包括传统以太网（10Mbit/s）、快速以太网（100Mbit/s）和 10G（10Gbit/s）以太网，它们都符合 IEEE 802.3 标准。

4.2.1 以太网概述

1. 以太网发展历程

1973 年，Xerox 公司提出以太网技术并将其实现，从而产生了以太网，最初以太网传输速率只有 2.94Mbit/s。

1979 年，DEC、Intel、Xerox 成立联盟，联合推出 DIX 以太网规范。

1980 年，IEEE 成立了 802.3 工作组。

1983 年，第一个 IEEE 802.3 标准通过并正式发布。

1990 年，基于双绞线介质的 10Base-T 标准和 IEEE 802.1D 网桥标准发布。

1992 年，出现了 100Mbit/s 快速以太网。

1995 年，IEEE 正式通过了 100Base-T 标准，即 IEEE 802.3u。

1998 年，千兆以太网标准 IEEE 802.3z/ab 发布。

1999 年，1000Base-T 标准 IEEE 802.3ab 发布。

2002 年，IEEE 通过了 802.3ae，即 10Gbit/s 万兆以太网标准。

2004 年，IEEE 批准屏蔽双绞线 10Gbit/s 以太网标准 802.3ak。

2006 年，IEEE 批准 10GBase-LRM 光纤标准 802.3aq。

2007 年，IEEE 发布了 802.3ap 万兆背板以太网标准。

2010 年，IEEE 宣布符合 IEEE 802.3ba 标准的下一代 40Gbit/s 与 100Gbit/s 新型以太网。

2. IEEE 802.3 协议

第一个局域网产品（以太网）标准是 DIX Ethernet V2。IEEE 802 委员会 802.3 工作组制定的第一个 IEEE 以太网标准是 IEEE 802.3。这两个标准的区别不大，只是在帧的格式上有两个字节的差异。因此只要满足两个标准中的一个都叫以太网，以太网也称为 802.3 局域网。

IEEE 802.3 协议描述物理层和数据链路层的 MAC 子层的实现方法，在多种物理媒体上以多种速率采用 CSMA/CD 访问控制方法。

3. 以太网的帧格式

IEEE 802.3x 在 1997 年成为 IEEE 通过的协议使原来"以太网使用类型域而 IEEE 802.3 使用长度域"的差别消失，IEEE 802.3 经过 IEEE 802.3x 标准的补充，支持这个域作为类型域和长度域两种解释。IEEE 802.3 以太网帧格式如图 4-8 所示。

前导符 （7 个字节）	开始标识 （1 个字节）	目的地址（DA） （6 个字节）	源地址（SA） （6 个字节）	长度 （2 个字节）	数据 （46~1500 个字节）	帧校验序列 （FCS） （4 个字节）

图 4-8　IEEE 802.3 以太网帧格式

IEEE 802.3 以太网帧格式说明如下。

（1）前导符（Preamble），使接收端的适配器在接收 MAC 帧时能够迅速调整时钟频率，使其和发送端的频率相同，表示数据链路层帧的开始；前导符为 7 个字节，由 1 和 0 交替构成。

（2）开始标识，为 1 个字节。前 6 位 1 和 0 交替，最后两位连续的 1 用于告诉接收端适配器："帧信息要来了，准备接收"。

（3）目的地址（DA），接收帧的网络适配器的物理地址（MAC 地址）。目的地址可以是单播地址，也可以是组播地址，为 6 个字节（48 个比特）。当网卡接收到一个数据帧时，首先检查该帧的目的地址是否与当前适配器的物理地址相同，如果相同，则进一步处理；如果不同，则直接丢弃。

（4）源地址（SA），发送帧的网络适配器的物理地址（MAC 地址），为 6 个字节（48 个比特），通常是单播地址。

（5）长度，标识了在以太网上运行的客户端协议，为 2 个字节。因为上层协议众多，所以在处理数据的时候必须设置该字段，标识数据交付哪个协议处理。例如，当字段为 0x0800 时，表示将数据交付给 IP 协议。

（6）数据，也称为有效载荷，表示交付给上层的数据，封装了通过以太网传输的高层协议信息。以太网帧数据长度最小为 46 个字节，最大为 1500 个字节。如果不足 46 个字节，会填充到最小长度。最大长度也叫最大传输单元（MTU）。

（7）帧校验序列（FCS），检测该帧是否出现差错，占 4 个字节（32 个比特）。发送方计算帧的循环冗余码校验值（CRC），把这个值写到帧里。接收方计算机重新计算 CRC，与 FCS 字段的值进行比较。如果两个值不相同，则表示传输过程中发生了数据丢失或改变，该帧就是无效帧，应该被丢弃，需要重新传输这一帧。

4.2.2　传统以太网

传统以太网即标准以太网，传统以太网是以前广泛应用的一类局域网，其典型的传输速率是 10Mbit/s。在传统以太网的物理层上定义了多种传输介质和拓扑结构，形成了一个 10Mbit/s 以太网标准系列：IEEE 802.3 的 10Base-2、10Base-5、10Base-T 和 10Base-F 标准。由此可见，10Mbit/s 以太网组网灵活，既可以使用细、粗同轴电缆组成总线网络，又可以使用 CAT3 UTP 双绞线组成星形网络，还可以组成总线星形网络等结构。

4 种 10Mbit/s 以太网特性比较如表 4-1 所示。

表 4-1 4 种 10Mbit/s 以太网特性比较

特　　性	10Base-5 以太网	10Base-2 以太网	10Base-T 以太网	10Base-F 以太网
IEEE 标准	IEEE 802.3	IEEE 802.3a	IEEE 802.3i	IEEE 802.3j
速率（Mbit/s）	10	10	10	10
传输方式	基带	基带	基带	基带
无中继器，线缆最大长度（m）	500	185	100	2000
站间最小距离（m）	2.5	0.5		
最大长度（m）/媒体段数	2500/5	925/5	500/5	4000/2
传输介质	50Ω 粗同轴电缆（φ10）	50Ω 细同轴电缆（φ5）	UTP	多模光纤
拓扑结构	总线	总线	星形	星形
编码	曼彻斯特编码	曼彻斯特编码	曼彻斯特编码	曼彻斯特编码

在表 4-1 中，10 代表传输速率为 10Mbit/s；Base 表示"基带"的意思，T 表示 Twist（双绞线）；F 表示 Fiber（光纤）；UTP 是非屏蔽双绞线；5 指的是最大传输距离不超过 500m；2 表示最大传输距离不超过 200m。

1）10Base-5 以太网

10Base-5 以太网是一种以太网标准，该标准使用标准的 50Ω 基带同轴电缆（粗缆），传输速率为 10Mbit/s，在每个网段上的距离限制是 500m，整个网络最大跨度为 2500m，每个网段最多终端数量为 100 台，每个工作站间隔距离为 2.5m 的整数倍。

2）10Base-2 以太网

10Base-2 以太网也称为细缆网，是一种 10Mbit/s 基带以太网标准，其使用 50Ω 的细同轴电缆作为传输介质。10Base-2 以太网被定义在 IEEE 802.3a 标准中，每段有 185m 的长度限制。10Base-2 以太网基于曼彻斯特编码通过细同轴电缆进行传输。

3）10Base-T 以太网

1991 年下半年，IEEE 802.3 标准中增加了 10Base-T 网络类型。这种网络不采用总线拓扑结构，而采用星形拓扑结构。10Base-T 以太网采用基带传输，传输速率为 10Mbit/s，使用 UTP 作为传输介质。10Base-T 技术特点是使用已有的 802.3MAC 层，通过一个介质连接单元 MAU 与 10Base-T 物理介质相连接。典型的 MAU 设备有网卡和集线器（Hub）。常用的 10Base-T 物理介质是 2 对 CAT3 UTP，所允许的最大 UTP 缆线长度为 100m，网络拓扑结构为星形拓扑结构。

与采用同轴电缆的以太网相比，10Base-T 以太网更适合在已铺设布线系统的办公大楼环境中使用。10Base-T 以太网采用的是与电话交换系统一致的星形拓扑结构，可容易地实现数据网络与电话语音网络的综合布线。

4）10Base-F 以太网

10Base-F 以太网采用光纤介质和基带传输，传输速率为 10Mbit/s。10Base-F 以太网系统结构不同于由粗、细同轴电缆组成的以太网，因为光信号传输的特点是单方向，适合于端到端的通信，因此 10Base-F 以太网呈星形或放射状结构。光缆具有传输速率高、网段距离远、抗外界干扰能力强等优于同轴电缆的性能，特别适合于楼宇间的远距离联网，其通信距离可达 2km。

4.2.3　高速以太网

世界上使用最普遍的局域网就是以太网，但传统以太网 10Mbit/s 的传输速率在很多方面都限制了其应用，特别是进入 20 世纪 90 年代，随着多媒体信息技术的成熟和发展，对网络的传输速率和传输质量提出了更高的要求。于是，国际上一些著名的大公司便联合起来研究和开发新的高速网络技术，相继开发并公布的高速以太网技术有 100Mbit/s 以太网、1000Mbit/s 以太网和 10Gbit/s 以太网，IEEE 802 委员会对这些技术分别进行了标准化工作。

2007 年 7 月，以太网联盟宣布 IEEE 802.3 高速网络工作组 HSSG 已经就下一代以太网传输速率标准提出了新的建议。HSSG 的新建议支持 40Gbit/s 传输速率和 100Gbit/s 传输速率混合标准。

1. 100Mbit/s 以太网

具有代表性的 100Mbit/s 以太网技术有两个：一个是由 3Com、Intel、Sun 和 Bay Networks 等公司开发的 100Base-T 技术；另一个是由 HP、AT&T 和 IBM 等公司开发的 100Base-VG 技术。前者在 MAC 子层仍采用 CSMA/CD 协议，在物理层提供 100Mbit/s 的传输速率；后者在 MAC 子层采用一种新的轮询优先访问协议，既支持 IEEE 802.3 帧格式，又支持 IEEE 802.5 帧格式，在物理层提供 100Mbit/s 的传输速率。

1）100Base-T

100Base-T 的 MAC 层采用 CSMA/CD 协议。由于 MAC 层与传输速率无关，因此 100Base-T 中的帧格式、帧长度、差错控制及有关管理信息均与 10Base-T 相同。100Base-T 定义了 3 种物理层标准：100Base-T4、100Base-TX 和 100Base-FX，它们分别支持不同的传输介质。

（1）100Base-T4。

100Base-T4 是 100Base-T 标准中唯一全新的 PHY 标准。100Base-T4 标准是用来帮助已经安装了第 3 类或第 4 类电缆的用户的。

100Base-T4 链路与介质相关的接口是基于 3、4、5 类 UTP 的。100Base-T4 标准使用 4 对线。用于 100Base-T 的 RJ-45 连接器也可用于 100Base-T4。4 对线中的 3 对用于一起发送数据，第 4 对用于冲突检测。

由于快速以太网是从 10Base-T 发展而来的，并且保留了 IEEE 802.3 的帧格式，所以 10Mbit/s 以太网可以非常平滑地过渡为 100Mbit/s 的快速以太网。

（2）100Base-TX。

100Base-TX 介质规范基于 ANSI TP-PMD 物理介质标准。100Base-TX 介质接口在两对双绞线电缆上运行，其中一对用于发送数据，另一对用于接收数据。ANSI TP-PMD 标准中既包括 STP 电缆，又包括 UTP 电缆，因此 100Base-TX 介质接口支持两对 5 类以上 UTP 电缆和两对 1 类 STP 电缆。

（3）100Base-FX。

光缆是 100Base-FX 指定支持的一种介质，而且容易安装、质量小、体积小、灵活性好、不受 EMI 干扰。100Base-FX 标准指定了两条多状态光纤，一条用于发送数据，另一条用于接收数据。当工作站的 NIC 以全双工模式运行时，传输距离能超过 2km。光缆可分为两类：多模光缆和单模光缆。

多模光缆：这种光缆为 62.5/125μm，采用基于 LED 的收发器将波长为 820nm 的光信号发送到光纤上。当连在两个设置为全双工模式的交换机端口之间时，支持的最大距离为 2km。

单模光缆：这种光缆为 9/125μm，采用基于激光的收发器将波长为 1300nm 的光信号发送到光纤上。单模光缆损耗小，相比多模光缆能使光信号传输到更远的距离。

2）100Base-VG

100Base-VG 快速以太网偏离了原有的以太网标准，运行在语音级（Voice Grade，VG）UTP 电缆上，以 100Mbit/s 的传输速率进行传输且适合于以太网和令牌环网。100Base-VG 通过使用专用带宽和优先级协议来支持语音和视频的等时传输，可以为网络化多媒体应用的开发提供比较有力的支持，特别适合同步传输影视等动态图像。

100Base-VG 支持 3 类、5 类 UTP 电缆、STP 电缆和光纤等传输介质，用户在从传统的 10Base-T 系统升级到 100Base-VG 系统时不用更换电缆，从而保护了自己已有的投资。

100Base-VG 网络采用星形结构，用中央集线器对全网实行集中式访问控制，每个集线器经配置都支持以太网卡和令牌环网卡及其帧格式，但两者不能共存于同一网段中。100Base-VG 网络与以太网或令牌环网互联时要使用网桥，100Base-VG 网络与 FDDI 网络、ATM 网络或广域网互联时要使用路由器。

2．1000Mbit/s 以太网

1000Mbit/s 以太网也称为千兆以太网。千兆以太网技术给用户带来了提高核心网络传输速率的有效解决方案，这种解决方案的最大优点是继承了传统以太网技术价格便宜的优点。

千兆以太网技术仍然是以太网技术，采用了与传统以太网相同的帧格式、帧结构、网络协议、全/半双工模式、流控模式及布线系统。该技术不改变传统以太网的桌面应用、操作系统，因此可与 10Mbit/s 或 100Mbit/s 的以太网很好地配合工作。升级到千兆以太网不必改变网络应用程序、网管部件和网络操作系统，能够最大限度地保护用户的投资。

千兆以太网技术有两个标准：IEEE 802.3z 和 IEEE 802.3ab。IEEE 802.3z 制定了光纤和短程铜线连接方案的标准；IEEE 802.3ab 制定了 5 类双绞线较长距离连接方案的标准。

3．10Gbit/s 以太网

随着信息技术的快速发展，特别是 Internet 和多媒体技术的发展和应用，网络数据流量迅速增加，原有速率的局域网已难以满足要求。在 2000 年年初，由 IEEE 组织的高速研究组发布了 10Gbit/s（万兆）以太网的 IEEE 802.3ae 规范。

万兆以太网规范包含在 IEEE 802.3 标准的补充标准 IEEE 802.3ae 中，扩展了 IEEE 802.3 协议和 MAC 规范，支持 10Gbit/s 的传输速率。万兆以太网的主要联网规范有以下几种：10GBase-SR 和 10GBase-SW、10GBase-LR 和 10GBase-LW、10GBase-ER 和 10GBase-EW、10GBase-LX4。

4.3　交换式以太网

交换式以太网是以交换式集线器（Switching Hub）或交换机（Switch）为中心构成的一种星形拓扑结构的网络。交换式以太网可以节省用户网络升级费用，在近几年应用得非常广泛。

4.3.1 交换机的工作原理

交换（Switching）是按照通信两端传输信息的需要，用人工或设备自动完成的方法，把要传输的信息送到符合要求的相应路由上的技术统称。广义的交换机（Switch）就是一种在通信系统中完成信息交换功能的设备。

1. 交换机组成

交换机由硬件和软件两个部分组成。硬件包括 CPU、存储介质、端口等。软件主要是 IOS（Internetwork Operating System，网间操作系统），内置在交换机中。

CPU 提供控制和管理交换机的功能，包括所有网络通信的运行，通常由 ASIC（Application Specific Integrated Circuit，专用集成电路）专用硬件来完成。

存储介质主要有 ROM、RAM、Flash 和 NVRAM（Non-Volatile Random Access Memory，非易失性随机访问存储器）。RAM 主要用于辅助 CPU 工作，对 CPU 处理的数据进行暂时存储；ROM 主要用于保存交换机或路由器的启动引导程序；Flash 用于保存交换机或路由器的 IOS 程序，当交换机或路由器重新启动时并不擦除 Flash 中的内容；NVRAM 是非易失性 RAM，用于保存交换机或路由器的配置文件，当交换机或路由器重新启动时并不擦除 NVRAM 中的内容。

交换机的端口主要有以太网（Ethernet）端口、快速以太网（Fast Ethernet）端口、吉比特以太网（Gigabit Ethernet）端口和控制台（Console）端口等。

交换机启动顺序如下。

（1）当交换机开机时，先进行开机自检（Power On Self Test，POST），检查硬件以验证设备的所有组件目前是可运行的。例如，检查交换机的各种端口。POST 程序存储在 ROM 中并从 ROM 中运行。

（2）Bootstrap 检查并加载 IOS 软件。Bootstrap 程序存储在 ROM 中，用于在初始化阶段启动交换机。在默认情况下，所有交换机或路由器都从 Flash 中加载 IOS 软件。

（3）IOS 软件在 NVRAM 中查找启动配置文件，只有当管理员将运行配置文件复制到 NVRAM 中时，才产生启动配置文件。

（4）如果 NVRAM 中有启动配置文件，则交换机将加载并运行此文件；如果 NVRAM 中没有启动配置文件，则交换机将启动 Setup 程序以对话方式来初始化配置过程，此模式也称为 Setup 模式。

2. 交换机的工作原理

交换机是一种基于 MAC 地址识别，能完成封装转发数据帧功能的网络设备。交换机可以"学习"MAC 地址，并把其存放在内部地址表中，通过在数据帧的始发者和目标接收者之间建立临时的交换路径，使数据帧直接由源地址到达目的地址。

交换机工作的具体流程如下。

（1）当交换机从某个端口接收到一个数据帧时，先读取帧头中的源 MAC 地址，这样交换机就知道源 MAC 地址的机器是连接在哪个端口上的。

（2）读取帧头中的目的 MAC 地址，并在 MAC 地址表中查找相应的端口。

（3）如果在 MAC 地址表中找不到相应的端口，则把数据帧广播到除源端口之外的所有其他端口上。当目的机器对源机器回应时，交换机就可以学习到该目的 MAC 地址与哪个端口对应，在下次转发数据时就不再需要对所有端口进行广播。

（4）如果在 MAC 地址表中有与目的 MAC 地址相对应的端口，则把数据帧直接转发到这个端口上，而不向其他端口进行广播。

不断循环上述过程，就可以学习整个网络的 MAC 地址信息，二层交换机就是这样建立和维护 MAC 地址表的。

下面以一个具体的示例说明交换机的工作过程。

当交换机刚启动时，MAC 地址表内无表项，此时 MAC 地址表是空的，如图 4-9（a）所示。

当主机 PCA 发出数据帧后，交换机学习到主机 PCA 帧中的源地址 MAC_A，此时交换机的 MAC 地址表显示如图 4-9（b）所示，并与接收到此帧的端口 E1/0/1 关联起来，此时交换机把主机 PCA 的帧从所有其他端口发送出去（除了接收到帧的端口 E1/0/1）。

当主机 PCB、主机 PCC、主机 PCD 发出数据帧后，交换机把接收到的帧中的源地址与相应的端口关联起来形成 MAC 地址表，如图 4-9（c）所示。

当主机 PCA 向主机 PCD 发出单播数据帧，交换机接收到数据帧后，根据帧中的目的地址，查看 MAC 地址表，此时如果 MAC 地址表中有目的主机 PCD 的 MAC 地址，则从相应的端口 E1/0/4 发送出去，交换机不在其他端口上转发此单播数据帧；如果 MAC 地址表中没有目的主机 PCD 的 MAC 地址，则向除开源数据发送端口外的其他所有端口发送广播，如图 4-9（d）所示。

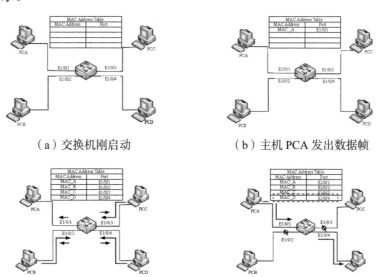

（a）交换机刚启动　　　　　　　　（b）主机 PCA 发出数据帧

（c）主机 PCB、主机 PCC、主机 PCD 发出数据帧　　　（d）单播数据帧的转发

图 4-9　交换机的工作过程

4.3.2　交换机的转发方式

二层交换机属于数据链路层设备，基于收到的数据帧中的源 MAC 地址和目的 MAC 地址来进行工作。

1. 交换机的功能

（1）学习：以太网交换机了解每个端口相连设备的 MAC 地址，并将地址同相应的端口映射起来存放在交换机缓存中的 MAC 地址表中。

（2）转发/过滤：当一个数据帧的目的地址在 MAC 地址表中有映射时，它被转发到连接目的节点的端口而不是所有端口（若该数据帧为广播/组播数据帧，则转发至所有端口）。

（3）消除回路：当交换机包括一个冗余回路时，以太网交换机通过生成树协议避免回路的产生，同时允许存在后备路径。

2. 交换机的转发模式

1）直通式转发

直通式转发（Cut Through）指交换机在收到数据帧后，不进行缓存和校验，而直接转发到目的端口，即交换机接收到目的地址就开始转发过程。此转发模式的特点是直接转发数据帧，不需要存储，时延小，交换非常快；交换机不能提供错误检测能力，无缓存容易丢包。

2）存储式转发

存储式转发（Store & Forward）指交换机首先在缓冲区存储接收到的完整的数据帧，然后进行 CRC 校验，检查数据帧是否正确，如果正确，则进行转发；如果不正确，则丢弃。此转发模式的特点是数据处理时延大；交换机对数据帧进行错误检测，一旦发现错误数据帧将会丢弃，有效地改善网络性能；可以支持不同速率的端口间的转换，保持高速端口与低速端口间的协同工作。

3）碎片隔离式转发

碎片隔离式转发（Fragment Free）是介于前两者之间的一种解决方案，交换机在接收到数据帧时，会先检查数据帧的长度是否够 64 个字节（最短帧长度），确保数据帧的长度大于 64 个字节，再根据帧头信息查表进行转发。此转发模式结合了直通式转发和存储式转发的优点，不需要同直通式转发一样等待接收到完整的数据帧才转发，只要接收了 64 个字节后，即可转发；并且同存储式转发一样，可以提供错误检测机制，能够检测前 64 个字节的帧错误，并丢弃错误帧。

4.3.3 冲突域和广播域

网络互联设备可以将网络划分为不同的冲突域、广播域。然而，不同的网络互联设备可能工作在 OSI 模型的不同层次上，如中继器工作在物理层，网桥和交换机工作在数据链路层，路由器工作在网络层，而网关工作在 OSI 模型的上三层，因此网络互联设备划分冲突域、广播域的效果各不相同。

1. 冲突域

冲突域（Collision Domain）是一种物理分段，指连接到同一导线上所有工作站的集合、同一物理网段上所有节点的集合或以太网上竞争同一带宽节点的集合。冲突域表示冲突发生并传播的区域，这个区域可以被认为是共享段。

2. 广播域

广播域（Broadcast Domain）是指可以接收到同样广播消息的节点的集合，在该集合中的任何一个节点传输一个广播帧，则其他所有能够接收到这个帧的节点都是该广播域的一部分。许多设备都极易产生广播，因此，如果不进行维护，就会消耗大量的带宽，降低网络的效率。

3. 冲突域和广播域的特点

在 OSI 模型中，冲突域被看作 OSI 模型第一层中的概念，连接同一冲突域的设备有集线器、中继器或其他简单的对信号进行复制的设备。广播域被看作 OSI 模型第二层中的概念，由中继器、集线器、网桥、交换机等第一、二层设备连接的节点被认为在同一个广播域中，而路由器、第三层交换机等第三层设备可以划分到广播域中。简而言之，第一层设备（如中继器、集线器）不能划分冲突域和广播域；第二层设备（如网桥、交换机）能划分冲突域，但不能划分广播域；第三层设备（如路由器）既能划分冲突域，又能划分广播域。

4.4 VLAN

随着网络不断扩展，接入设备逐渐增多，网络结构日趋复杂，必须使用更多的网络互联设备才能将不同用户划分到各自的广播域中，但这样做存在 3 个缺陷：第一，随着互联设备数量增多，网络时延逐渐增大，网络数据传输速率下降；第二，用户按照他们的物理连接被自然地划分到不同工作组（广播域）中，但是不同工作组或部门对带宽需求有很大差异，这种分割方式不能满足工作组或部门中所有用户和带宽的需求；第三，局域网中广播和组播流量被发送到每台主机会带来大量网络流量，出于安全因素需要禁止任意站之间的通信。为了解决大型多用途交换网络运行中的问题，IEEE 提出了 VLAN（虚拟局域网）。

4.4.1 VLAN 概述

虚拟局域网（Virtual Local Area Network，VLAN）简称 VLAN，指网络中的站点不拘泥于所处的物理位置，可以根据需要灵活地加入不同逻辑子网中的一种网络技术。VLAN 是一组逻辑上的设备和用户，可以根据功能、部门及应用等因素组织起来，通过端口分配、MAC 地址分配等方式将同一局域网内的主机划分为不同的区域（VLAN），不同区域内的主机无法直接通信（即使它们都在同一个有线局域网中），而同一区域内的主机可以正常通信。

VLAN 相对于传统局域网技术更加灵活，具有以下优点。

1. 控制广播风暴

一个 VLAN 就是一个逻辑广播域，通过对 VLAN 的创建，可以隔离广播，缩小广播范围，控制广播风暴的产生。

2. 提高网络整体安全性

通过路由访问列表和 MAC 地址分配等 VLAN 划分原则，可以控制用户访问权限和逻辑网段大小，将不同用户划分在不同 VLAN 中，从而提高交换式网络的整体安全性。

3. 网络管理简单、直观

对于交换式以太网，如果对某些用户重新进行网段划分，需要网络管理员对网络系统的物理结构重新进行调整，甚至需要追加网络设备，增大网络管理工作量。而对于采用 VLAN 技术的网络来说，一个 VLAN 可以根据部门职能、对象组或应用将不同地理位置的网络用户划分为一个逻辑网段，在不改动网络物理连接的情况下可以任意地将工作站在工作组或子网之间移动。

4.4.2 VLAN 划分方法

VLAN 是一种将局域网设备从逻辑上划分成一个个网段，从而实现虚拟工作组的新兴数据交换技术。如果将网络上的节点按工作性质与需要划分成若干个逻辑工作组，那么一个逻辑工作组就是一个 VLAN。也就是说，VLAN 就是将整个网络在逻辑上划分出的一些虚拟工作组。VLAN 并不是一种新型的局域网，而是交换式局域网为用户提供的一种服务。由于 VLAN 是逻辑上划分而非物理上划分的，因此同一 VLAN 内的各个工作站不需要被放置在同一个物理空间里。

通过划分局域网，可以把广播限制在各个 VLAN 的范围内，从而减少整个网络范围内广播包的传输，提高网络传输速率；同时各 VLAN 之间不能直接进行通信，必须通过路由器转发，增加了网络的安全性。

1. VLAN 拓扑结构

图 4-10 所示为使用了 4 台交换机的局域网拓扑结构及 VLAN 划分。设有 9 个工作站分配在 3 个楼层中，构成 3 个 VLAN，即 VLAN1（PC-A1、PC-B1、PC-C1），VLAN2（PC-A2、PC-B2、PC-C2），VLAN3（PC-A3、PC-B3、PC-C3）。

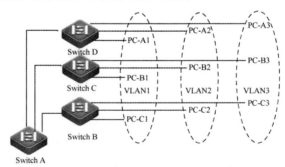

图 4-10　使用了 4 台交换机的局域网拓扑结构及 VLAN 划分

2. VLAN 的划分

VLAN 技术使网络拓扑结构变得非常灵活，如位于不同楼层的用户或不同部门的用户可以根据需要加入不同 VLAN。因此，划分 VLAN 主要基于网络性能、安全和管理 3 个方面考虑。

VLAN 的划分方法有以下 4 种。

（1）根据交换机端口。逻辑上将交换机端口划分为不同的 VLAN，当某一个端口属于某一个 VLAN 时，就不能属于另一个 VLAN。这种按端口来划分 VLAN 的配置简单方便，是一种比较广泛有效的使用方式；不足之处是灵活性不好，如果将一个节点从一个端口移动到另一个端口，需要重新配置 VLAN 成员。

（2）根据 MAC 地址。根据每台主机的 MAC 地址来划分，即对每个 MAC 地址的主机都配置它属于哪个 VLAN 组。这种划分 VLAN 的方法的最大优点就是当用户计算机的物理位置移动，即从一个交换机换到其他的交换机时，VLAN 不必重新配置；缺点是在初始化时，所有的用户都必须进行配置，如果有几百个甚至上千个用户的话，会导致交换机执行效率降低，无法限制广播包。

（3）根据 IP 地址。利用 IP 地址定义 VLAN。用户可按 IP 地址组建 VLAN，节点可随意移动而不需要重新配置。其缺点是效率低，检查每一个 IP 地址需要消耗大量时间。

（4）根据 IP 广播组。基于 IP 广播组动态建立 VLAN。当发送广播包时，动态建立 VLAN，广播组中的所有成员属于同一个 VLAN，它们只是特定时间内的特定广播组成员。这种方法具有良好的灵活性和可扩展性，但效率不高，不适合局域网。

4.4.3　VLAN 的实现技术

1. 链路

VLAN 技术的出现使交换机网络中存在带 Tag 的 VLAN 以太网帧和不带 Tag 的 VLAN 以太网帧，因此，相应地将链路区分为接入链路和干道链路，如图 4-11 所示。

- 接入链路（Access Link）：用于连接计算机和交换机的链路为接入链路，接入链路上通过的帧为不带 Tag 的 VLAN 以太网帧。
- 干道链路（Trunk Link）：用于连接交换机和交换机的链路为干道链路，干道链路上通过的帧一般为带 Tag 的 VLAN 以太网帧，也可以通过不带 Tag 的 VLAN 以太网帧。

2. 端口

基于链路对 VLAN 标签的不同处理方式，对以太网交换机的端口做了区分，端口大致分为 3 类：接入端口、干道端口和混合端口，如图 4-12 所示。

- 接入端口（Access Port）：交换机上用来连接用户主机的端口（如图 4-12 所示，计算机与交换机连接的 4 个端口），只能连接接入链路，并且只能允许唯一的 VLAN ID 通过本端口。接入端口发往其他设备的报文都是不带 Tag 的数据帧。

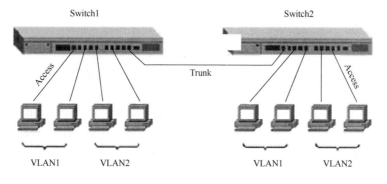

图 4-11　接入链路和干道链路

- 干道端口（Trunk Port）：交换机中用来和其他交换机连接的端口（如图 4-12 所示，Switch1 与 Switch2 连接的端口），只能连接干道链路。干道端口允许多个 VLAN 帧（带 Tag）通过。干道端口在多数情况下发往其他设备的报文都是带 Tag 的数据帧。
- 混合端口（Hybrid Port）：交换机上既可以连接用户主机，又可以连接其他交换机的端口。混合端口既可以连接接入链路，又可以连接干道链路。混合端口允许多个 VLAN 的帧通过，并可以在出端口方向将某些 VLAN 帧的 Tag 剥掉，华为设备默认的端口类型就是混合端口。

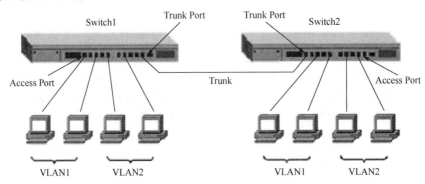

图 4-12　端口类型

3. GVRP 和 VTP

在大型的网络中，华为交换机之间的串联是很普遍的。一般交换机与交换机之间的互联端口都会配置成干道端口，即允许在多个 VLAN 之间传输。对于用户来说，手工配置太麻烦。一个规模比较大的网络可能包含多个 VLAN，而且网络的配置会随时发生变化，这使网络须逐台交换机配置干道端口过于复杂。因此引入 GVRP 来解决这个问题，GVRP 根据网络情况动态配置干道链路。

GVRP（GARP VLAN Registration Protocol）即通用 VLAN 注册协议。GARP（通用属性注册协议）提供了一种通用机制供桥接局域网设备相互之间（如终端站和交换机等）注册或注销属性值，如 VLAN 标识符。GVRP 是 GARP 的一种应用，基于 GARP 的工作机制，维护交换机中的 VLSN 动态注册信息，并传播该信息到其他的交换机中。所有支持 GVRP 特性的交换机都能够接收来自其他交换机的 VLAN 注册信息，并动态更新本地的 VLAN 注册信息，包括当前的 VLAN 成员、这些 VLAN 成员可以通过哪个端口到达等。而且支持 GVRP 特性的交换机能够将本地的 VLAN 注册信息向其他交换机传播，以使同一交换网内所有支持 GVRP 特性的设备的 VLAN 注册信息达成一致。GVRP 传播的 VLAN 注册信息既包括本地手工配置的静态注册信息，又包括来自其他交换机的动态注册信息。这样的话，根据 VLAN 注册信息，各交换机可以了解到干道链路对端有哪些 VLAN，从而自动配置干道链路，只允许对端交换机需要的 VLAN 在干道链路上传输。

VTP（VLAN Trunking Protocol）即 VLAN 中继协议，是 CISCO 专用协议，大多数交换机都支持该协议。VTP 负责在 VTP 域内同步 VLAN 信息，即在一台 VTP 服务器上配置新的 VLAN 时，该 VLAN 将通过域中的所有交换机进行分发，这样就不必在每台交换机上配置相同的 VLAN 信息，可以减少在各处配置相同 VLAN 的需求，在管理过程中提高了维护所有交换机信息的效率。

4.5　无线局域网

20 世纪 80 年代是有线局域网发展与普及的年代。有线局域网虽然能够满足一般的工业自动化及办公自动化环境的要求，但这种网络也存在许多不足，如传输速率不够高、布线复杂、无法从移动体上访问局域网等，为了解决以上问题，人们开始从提高传输速率、支持可移动性等方面着手寻找适应未来的局域网模式。在传输速率方面，局域网沿以太网→FDDI→快速以太网→ATM 局域网方向发展。另一个发展方向是无线局域网。无线局域网除保持现有局域网高速率的特点之外，将无线电波或红外线作为传输媒介，不用布线即可灵活地组成可移动的局域网。随着信息时代的到来，越来越多的人要求能够随时随地接收各种信息，因此对从移动体上访问局域网的要求更加迫切，无线局域网具有广阔的发展前景。

4.5.1　无线局域网概述

无线局域网（Wireless Local Area Networks，WLAN）利用射频（Radio Frequency，RF）技术将计算机设备互联起来，用无线多址信道作为传输媒介，使用电磁波传输取代传统的线缆传输构成局域网络让其在空中进行通信，构成互相通信和实现资源共享的网络体系。这种无线的数据传输系统，可使用户摆脱线缆的束缚，在其覆盖范围内，使用户真正实现随时、随地、随意的宽带网络接入，实现了用户的移动办公和漫游。

无线局域网利用电磁波发送和接收数据，其数据传输速率现在已经能够达到 11Mbit/s，传输距离可远至 20km 以上。无线局域网使网上的计算机具有可移动性，能快速方便地解决使用有线方式不易实现的网络联通问题。与有线网络相比，无线局域网具有以下特点。

1. 安装便捷

一般在网络建设中，施工周期最长、对周边环境影响最大的，就是网络布线施工工程。在施工过程中，往往要破墙掘地、穿线架管。而无线局域网最大的优势就是免去或减少了网络布线的工作量，一般只要安装一个或多个接入点 AP 设备，就可建立覆盖整个建筑或地区的局域网络。

2. 使用灵活

在有线网络中，网络设备的安放位置受网络信息点位置的限制。而无线局域网建成后，在无线局域网的信号覆盖区域内任何一个位置都可以接入网络。

3. 经济节约

有线网络缺少灵活性，要求网络规划者尽可能地考虑未来发展的需要，这就往往导致预设大量利用率较低的信息点。如果有线网络的发展超出了设计规划，则要花费较多费用进行网络改造，而无线局域网可以避免或减少以上情况的发生。

4. 易于扩展

无线局域网有多种配置方式，能够根据需要灵活选择，适用于从只有几个用户的小型网络到有上千个用户的大型网络，能够提供"漫游"的特性。因为无线局域网具有多方面的优点，所以发展十分迅速。在最近几年里，无线局域网已经在医院、商店、工厂和学校等不适合网络布线的场合得到了广泛应用。

无线局域网不是用来取代有线局域网的，而是有线局域络的补充和扩展。有线局域网和无线局域网的混合使用往往是用户的最佳选择。无线局域网常适用于以下场合。

- 移动用户或无固定工作场所的用户。
- 搭建临时网络，如展会等。
- 有线局域网无法布线的场合。
- 有线局域网的后备系统等。

4.5.2 无线局域网标准

无线局域网利用无线多址信道和宽带调制技术来提供统一的物理层平台，以此来支持节点间的数据通信。无线局域网能在几十米到几千米范围内支持较高数据传输速率，可采用微蜂窝、微微蜂窝或非蜂窝结构。常用无线局域网标准主要包括 IEEE 802.11 标准、HiperLAN 标准和蓝牙技术。

1. IEEE 802.11 标准

IEEE 802.11 无线局域网标准定义使用不需要许可的工业、科学和医疗（Industrial, Scientific, Medial，ISM）频段的无线电频率如何被用于无线链路物理层和 MAC 子层。

在通常情况下，选择使用无线局域网标准是基于数据传输速率的，如 IEEE 802.11a 和 IEEE 802.11g 可支持最快 54Mbit/s，而 IEEE 802.11b 最快支持 11Mbit/s，因此 IEEE 802.11b 标准的数据传输速率比较慢，IEEE 802.11a 和 IEEE 802.11g 更受欢迎。第 4 版的 WLAN 草案提出了 IEEE 802.11n 标准，IEEE 802.11n 超过现有标准的数据传输速率，该标准于 2008 年 9 月被批准。IEEE 802.11x 系列标准的工作频段和最大传输速率如表 4-2 所示。

表 4-2 IEEE 802.11x 系列标准的工作频段和最大传输速率

无线局域网标准	工 作 频 段	最大传输速率
IEEE 802.11	2.4 GHz	2 Mbit/s
IEEE 802.11b	2.4 GHz	11 Mbit/s
IEEE 802.11a	5 GHz	54 Mbit/s
IEEE 802.11g	2.4 GHz	54 Mbit/s
IEEE 802.11n	2.4 GHz 和 5 GHz	600 Mbit/s
IEEE 802.11ac	5 GHz	1 Gbit/s
IEEE 802.11ad	60 GHz	7 Gbit/s

2. HiperLAN 标准

HiperLAN （High Performance Radio LAN）是无线局域网通信标准的一个子集。HiperLAN 标准提供了类似于 IEEE 802.11 无线局域网协议的性能和能力。HiperLAN 有两种规格：HiperLAN/1

和 HiperLAN/2。HiperLAN/1 标准采用 5G 射频频率，可以达到上行 20Mbit/s 的速率。HiperLAN/2 同样采用 5G 射频频率，上行速率可以达到 54Mbit/s。HiperLAN/2 系统同 3G 标准兼容。无线局域网系统可以用来发送/接收数据、图像及实现语音通信。HiperLAN/2 网络协议栈具有灵活的体系结构，很容易适配并扩展不同的固定网络。

3. 蓝牙技术

蓝牙（Bluetooth）是一种无线技术标准，是固定和移动设备建立通信环境的一种特殊的近距离无线技术连接。蓝牙作为一种支持设备短距离通信（一般在 10m 内）的无线电技术，能在包括移动电话、PDA、无线耳机、笔记本电脑、相关外设等众多设备之间进行无线信息交换。利用蓝牙技术，能够有效地简化移动通信终端设备之间的通信，也能够成功地简化设备与 Internet 之间的通信，从而使数据传输变得更加迅速高效，为无线通信拓宽了道路。

蓝牙技术及蓝牙产品的特点如下。

- 蓝牙技术的适用设备多，不需要电缆，通过无线使计算机和电信联网进行通信。
- 蓝牙技术的工作频段全球通用，适用于全球范围内用户无界限的使用，解决了蜂窝式移动电话的国界障碍问题。
- 蓝牙技术的安全性和抗干扰能力强。蓝牙技术具有跳频的功能，因此有效避免了 ISM 频带遇到干扰源的情况。蓝牙技术的兼容性较好，其已经发展成独立于操作系统的一项技术，实现了各种操作系统中良好的兼容性能。
- 传输距离较短。现阶段，蓝牙技术的主要工作范围在 10m 左右，增加射频功率后的蓝牙技术可以在 100m 的范围内进行工作。
- 通过跳频、扩频技术进行传播。蓝牙技术在实际应用期间，可通过原有的频点进行划分、转化。蓝牙技术本身具有较高的安全性与抗干扰能力，在实际应用期间可以保证蓝牙运行的质量。

4.5.3　无线局域网接入设备

常见的无线局域网的接入设备有无线网卡、无线访问接入点、无线路由器和无线天线等。

1. 无线网卡

无线网卡的作用类似于以太网中的网卡，作为无线局域网的接口，实现与无线局域网的连接。无线网卡根据接口类型的不同，主要分为 3 种，即 PCMCIA 无线网卡、PCI 无线网卡和 USB 无线网卡。

- PCMCIA 无线网卡仅适用于笔记本电脑，支持热插拔，可以非常方便地实现移动无线接入。
- PCI 无线网卡适用于普通的台式计算机。
- USB 无线网卡适用于笔记本电脑和台式计算机，支持热插拔。

2. 无线访问接入点

无线访问接入点（Access Point，AP）是无线网络中的核心，可以把有线网络的有线信号转化为无线信号，这样用户就能够在计算机上接收无线 AP 发射出来的网络信号，并接入无线局域网中。这是现在很多宽带家庭，还有一些单位、园区内部非常适用的一种入网方式，而且这样的网络信号能够覆盖几十米甚至上百米的距离，同时能和其他的无线 AP 进行连接，从而实现网络的覆盖延伸。

一般的无线 AP，其作用有两个。

- 作为无线局域网的中心点，供其他装有无线网卡的计算机通过它接入该无线局域网。
- 通过对有线局域网提供长距离无线连接，或者对小型无线局域网提供长距离有线连接，来达到延伸网络范围的目的。

无线 AP 通常可以分为胖 AP（Fat AP）和瘦 AP（Fit AP）两类，不是以外观来分辨的，而是从其工作原理和功能上来区分的。胖瘦 AP 对比表如表 4-3 所示。

表 4-3　胖瘦 AP 对比表

名　　称	胖 AP	瘦 AP
成本	成本较高，无 AC 投入	成本较低，易于管理，但 AC 成本较高
WLAN 组网	①需要对 AP 下发配置文件 ②有网管情况下可以支持大规模网络部署和海量规模用户管理 ③不存在兼容问题，AP 和网管系统之间采用标准的 IP 层协议互通 ④网管可以实现海量 AP 统一集中管理和维护，并实现与现有宽带网络融合管理	①AP 不能单独工作，需要 AC 集中代理维护管理 ②AP 本身零配置，适合大规模组网 ③存在多厂商兼容问题，AC 和 AP 之间为私有协议，必须为同厂家设备 ④每个 AC 管理 AP 容量较少

1）胖 AP

胖 AP 除有无线接入功能外，一般还具备广域网、局域网端口，支持 DHCP 服务器、DNS 和 MAC 地址克隆、VPN 接入、防火墙等安全功能。胖 AP 通常有自带的完整操作系统，是可以独立工作的网络设备，可以实现拨号、路由等功能。

胖 AP 一般应用于小型的无线网络建设，可独立工作，不需要 AC 的配合，一般应用于仅需要较少数量即可完整覆盖的家庭、小型商户或小型办公类场景。胖 AP 组网无法实现无线漫游。

用户从一个胖 AP 的覆盖区域走到另一个胖 AP 的覆盖区域，会重新连接信号强的一个胖 AP，重新进行认证，重新获取 IP 地址，因此存在断网现象。

2）瘦 AP

对瘦 AP 形象地理解就是把胖 AP 瘦身，去掉路由、DNS、DHCP 服务器等诸多加载的功能，仅保留无线接入的部分。我们常说的 AP 就是指这类瘦 AP，它相当于无线交换机或集线器，仅提供一个有线/无线信号转换和无线信号接收/发射的功能。瘦 AP 作为无线局域网的一个部件，是不能独立工作的，必须配合 AC 的管理才能成为一个完整的系统。

瘦 AP 一般应用于中大型的无线网络建设，以一定数量的 AP 配合 AC 产品来进行较大的无线网络覆盖，使用场景一般为商场、超市、景点、酒店、餐饮娱乐、企业办公等。

用户从一个瘦 AP 的覆盖区域走到另一个瘦 AP 的覆盖区域，信号会自动切换，且不需要重新进行认证和重新获取 IP 地址，网络始终连接在线，使用方便。

3. 无线路由器

无线路由器（Wireless Router）集成了无线 AP 和宽带路由器的功能，不仅具备 AP 的无线接入功能，通常还支持 DHCP、防火墙、WEP 加密等功能，而且具备网络地址转换（NAT）功能，可支持局域网用户的网络连接共享。

4. 无线天线

当计算机与无线 AP 或其他计算机相距较远时，随着信号的减弱，或者传输速率明显下降，或者根本无法实现与 AP 或其他计算机之间的通信，此时，就必须借助无线天线对所接收或发送的信号进行增益（放大）。

无线天线有多种类型，不过常见的有两种：一种是室内天线，优点是方便灵活，缺点是增益小，传输距离短；另一种是室外天线。室外天线的类型比较多，如栅栏式、平板式、抛物状等。室外天线的优点是传输距离远。

技能训练

实训 4-1：组建对等网

1. 实训目的

（1）掌握对等网的组建方法。
（2）掌握对等网中共享资源的设置。

微课：对等网的组建

2. 实训内容

将两台计算机相连组建成对等网，网卡直接连接，如图 4-13 所示。

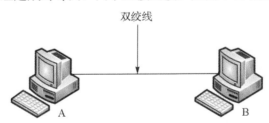

图 4-13　网卡直接连接

3. 实训步骤

1）设备之间的连接

按照图 4-13 连接设备，用双绞线将 2 台实验计算机连接（由 2 台计算机构成的对等网）。

2）计算机设置

（1）单击计算机右下角网络连接图标，单击"网络和 Internet 设置"，选择"网络和共享中心"选项，单击"Internet 连接"后单击"属性"按钮，打开"WLAN 属性"对话框，如图 4-14～图 4-15 所示。

图 4-14 "WLAN 状态"对话框

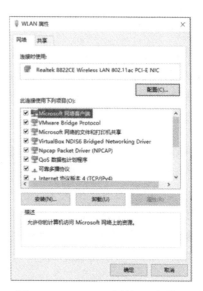

图 4-15 "WLAN 属性"对话框

（2）选择"Internet 协议版本 4"选项，如图 4-16（a）所示，双击后出现如图 4-16（b）所示的"Internet 协议版本 4 属性"对话框。

（a）

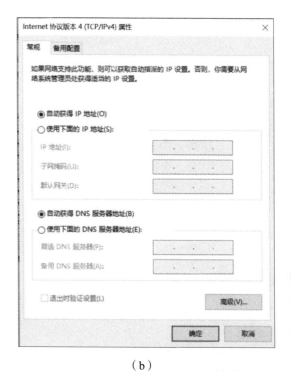

（b）

图 4-16 选择 Internet 协议

（3）在如图 4-16（b）所示的对话框中单击"使用下面的 IP 地址"按钮和"使用下面的 DNS 服务器地址"按钮，按图 4-17 设置 IP 地址和子网掩码，IP 地址分别设为"192.168.0.2"和"192.168.0.3"，子网掩码都为"255.255.255.0"，其他地方不用填写，单击"确定"按钮。

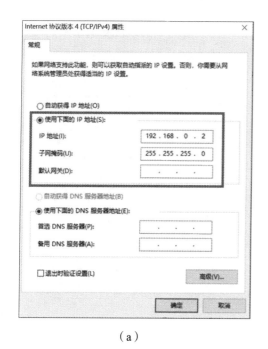
（a）

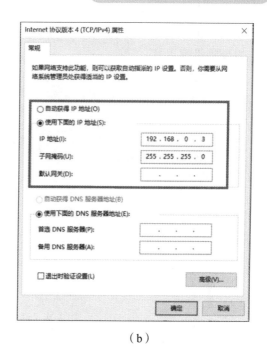
（b）

图 4-17　设置 IP 地址和子网掩码

3）标识网络计算机

（1）右击桌面上的"我的电脑"图标，在弹出的菜单中选择"属性"选项，单击相关设置里的"高级系统设置"命令，弹出"系统属性"对话框，单击"计算机名"选项卡，如图 4-18 所示。

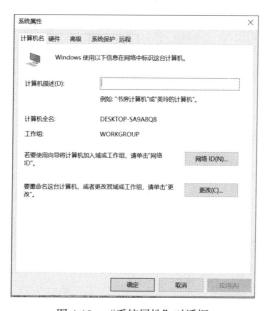

图 4-18　"系统属性"对话框

（2）单击"系统属性"对话框中的"更改"按钮，弹出"计算机名/域更改"对话框。在"计算机名"文本框中输入计算机名，在"工作组"文本框中输入工作组名（网络中共有 3 台计算机，可将计算机分别命名为 KJ02 和 KJ03，假设工作组名为 KJXX），如图 4-19 所示。设置成功后单击"确定"按钮，返回"系统属性"对话框。设置完毕必须按要求重新启动计算机，以便使设置生效。

图4-19　设置计算机名和工作组

4）网络连通性测试

按下"win+R"键弹出"运行"对话框，在弹出的对话框中输入"cmd"命令，按下 Enter键，弹出 C:\WINDOWS\system32\cmd.exe 窗口，输入"ping IP 地址-t"命令，按下 Enter 键（详见第 3 章常用的网络命令使用）。

5）设置文件共享

设置文件共享的目的是使自己计算机上的文件资源能被网络上的其他计算机共享。设置文件共享的操作步骤如下。

（1）双击桌面上"我的电脑"图标，打开"我的电脑"窗口。

（2）右击"本地磁盘(D)"，在弹出的快捷菜单中选择"属性"选项，弹出"本地磁盘(D)属性"对话框；选择"共享"选项卡，单击"高级共享"按钮，弹出"高级共享"对话框，勾选"共享此文件夹"，单击"确定"按钮，如图4-20所示。

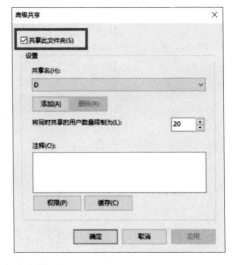

图4-20　共享和安全设置

（3）在"共享"选项卡中单击"网络和共享中心"链接，弹出"高级共享设置"对话框，单击"文件和打印机共享"下的"启用文件和打印机共享"按钮，单击"保存更改"按钮，完成共享设置，如图 4-21 所示。

图 4-21　启用共享

（4）在"我的电脑"窗口中可以看到，"本地磁盘(D)"的图标左下方出现"双人"图标，表示 D 盘上所有的文件已经对所有的网络用户开放，网络用户可以通过网络访问共享硬盘下的资源，如图 4-22 所示。

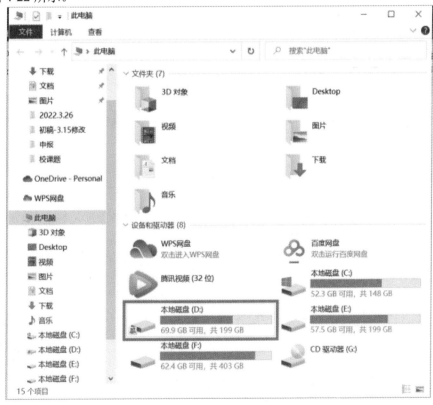

图 4-22　正确共享窗口

实训4-2：交换机的基本配置

1. 实训目的

（1）熟悉 eNSP 软件的使用方法。

（2）掌握交换机的基本配置。

微课：交换机的基本配置

2. 实训内容

用 eNSP 模拟完成交换机的基本配置，拓扑结构如图 4-23 所示。

图 4-23　拓扑结构

3. 实训步骤

（1）用户视图模式。

启动交换机后，双击交换机，直接进入用户视图模式，可以查看交换机的软硬件、版本信息等。

```
<Huawei> display version     #查看版本信息
<Huawei>display clock     #查看系统时间
<Huawei>clock datetime 12:00:00 2018-01-01    #修改系统时间
<Huawei>display clock      #查看系统时间
<Switch>undo terminal monitor   #关闭终端显示信息
<Switch>language-mode Chinese   #修改提示语言为中文
```

（2）系统视图模式。

在用户视图模式下，输入"system-view"命令进入系统视图模式，可以查看交换机的配置信息，进行网络的测试和调试等。

```
<Huawei> system-view    #进入系统视图模式
[Huawei] sysname Switch  #修改交换机的名称
```

（3）接口视图模式。

在系统视图模式下，输入"interface ethernet 0/0/1"命令，进入 Ethernet 0/0/1 接口视图模式，可以对交换机的接口参数进行配置。

```
[Switch] interface ethernet 0/0/1  #进入接口视图模式
[Switch-Ethernet0/0/1] quit   #退出当前接口视图模式
```

实训4-3：组建小型交换式网络

1. 实训目的

（1）掌握使用交换机组建小型交换式局域网的方法。

（2）掌握局域网常见的故障测试方法。

微课：小型交换式网络的组建

2. 实训内容

以某公司办公室为例，组建一个交换式小型局域网，如图 4-24 所示，并完成交换机的基本配置，完成操作命令。

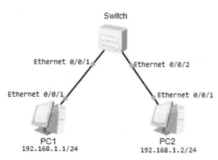

图 4-24 交换式小型局域网

3. 实训步骤

1）IP 地址和子网掩码

双击"PC1"和"PC2"，弹出配置对话框，按图 4-24 配置需求配置 PC1 和 PC2 的 IP 地址及子网掩码，如图 4-25 所示。

（a）　　　　　　　　　　　　　　　（b）

图 4-25 PC1 和 PC2 的 IP 地址、子网掩码配置

2）ping 命令

双击"PC1"，弹出配置对话框，单击"命令行"选项卡，执行 ping 命令检测连通性，如下所示。

```
PC>ping 192.168.1.1
Ping 192.168.1.1: 32 data bytes, Press Ctrl_C to break
From 192.168.1.1: bytes=32 seq=1 ttl=128 time=31 ms
From 192.168.1.1: bytes=32 seq=2 ttl=128 time=47 ms
From 192.168.1.1: bytes=32 seq=3 ttl=128 time=32 ms
From 192.168.1.1: bytes=32 seq=4 ttl=128 time=47 ms
From 192.168.1.1: bytes=32 seq=5 ttl=128 time=47 ms
--- 192.168.1.1 ping statistics ---
  5 packet(s) transmitted
  5 packet(s) received
```

```
0.00% packet loss
round-trip min/avg/max = 31/40/47 ms
```

双击"PC2"，弹出配置对话框，单击"命令行"选项卡，执行 ping 命令检测连通性，如下所示。

```
PC>ping 192.168.1.2
Ping 192.168.1.2: 32 data bytes, Press Ctrl_C to break
From 192.168.1.2: bytes=32 seq=1 ttl=128 time=47 ms
From 192.168.1.2: bytes=32 seq=2 ttl=128 time=31 ms
From 192.168.1.2: bytes=32 seq=3 ttl=128 time=47 ms
From 192.168.1.2: bytes=32 seq=4 ttl=128 time=62 ms
From 192.168.1.2: bytes=32 seq=5 ttl=128 time=47 ms
--- 192.168.1.2 ping statistics ---
  5 packet(s) transmitted
  5 packet(s) received
  0.00% packet loss
  round-trip min/avg/max = 31/46/62 ms
```

如果检测结果为未连通，则需要进行故障诊断，主要从以下几个方面去检测。

（1）检查交换机端口和计算机端口的指示灯，正常情况下为"LINK"灯长亮，"ACT"灯闪烁，如果异常，则重新插拔网线。

（2）检查网线是否为直通网线，必须保证计算机与交换机之间使用直通网线。

（3）在计算机上使用 ipconfig 命令检查 IP 地址的设置情况，如果查看到的 IP 地址与设置的 IP 地址不符，则说明设置的 IP 地址未生效，在"设备管理器"中找到网卡，对网卡"禁用"后再"启用"，或者重新启动计算机。

（4）交换机被划分了 VLAN，使用实训 4-2 的方法查看交换机配置情况，如果交换机所使用的 2 个端口刚好被划分到不同的 VLAN 下，则重新选择交换机端口，确保使用同一个 VLAN 下的 2 个端口。

3）ipconfig 命令

双击"PC1"，弹出配置对话框，单击"命令行"选项卡，执行 ipconfig 命令查看本机 IP 和 MAC 地址，对应交换机中的静态地址记录，如下所示。

```
PC>ipconfig
Link local IPv6 address...........: fe80::5689:98ff:fe89:b51
IPv6 address.....................: :: / 128
IPv6 gateway.....................: ::
IPv4 address.....................: 192.168.1.1
Subnet mask......................: 255.255.255.0
Gateway..........................: 0.0.0.0
Physical address.................: 54-89-98-89-0B-51
DNS server.......................:
```

4）arp -a 命令

双击"PC1"，弹出配置对话框，单击"命令行"选项卡，执行 arp -a 命令查看 PC1 的 MAC 地址，如下所示。

```
PC>arp -a
Internet Address      Physical Address      Type
192.168.1.1           54-89-98-BF-51-26     dynamic
```

PC2 执行方法同上，此处略。

5）利用 wireshark 进行数据抓包

右击"PC2"，弹出对话框，单击"数据抓包"按钮，在 PC2 上执行 ping 192.168.1.2（PC2 的 IP 地址）命令查看捕获的报文，如图 4-26 所示。

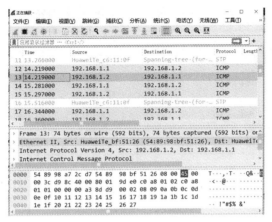

图 4-26　数据抓包捕获的报文

实训 4-4：使用 eNSP 划分 VLAN

微课：单交换机 VLAN 的划分

1. 实训目的

（1）掌握 VLAN 的配置。

（2）掌握接入端口和干道端口的配置。

2. 实训内容

微课：多交换机 VLAN 的划分

（1）如图 4-27 所示，为财务部创建 VLAN 10，PC1 和 PC2 为财务部 PC，连接在交换机的 Ethernet0/0/1 和 Ethernet0/0/2 端口；为销售部创建 VLAN 20，PC3 和 PC4 为销售部 PC，连接在交换机的 Ethernet0/0/3 和 Ethernet0/0/4 端口。实现两个部门内部 PC 可以通信，跨部门 PC 不能互相通信。

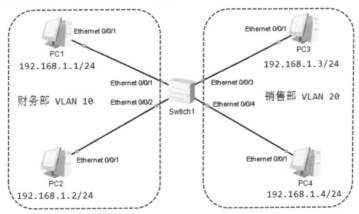

图 4-27　VLAN 的配置拓扑图

（2）以某公司的财务部和销售部为例，为财务部创建 VLAN 10，PC1 和 PC3 为财务部 PC，连接在交换机 Switch1 的 Ethernet 0/0/1 端口和交换机 Switch2 的 Ethernet 0/0/1 端口，为销售部创建 VLAN 20，PC2 和 PC4 为销售部 PC，连接在交换机 Switch1 的 Ethernet 0/0/2 端口和交换机 Switch2 的 Ethernet 0/0/2 端口，配置交换机互联的端口模式为 Trunk，实现两个部门内部 PC 可以通信，跨部门 PC 不能互相通信，如图 4-28 所示。

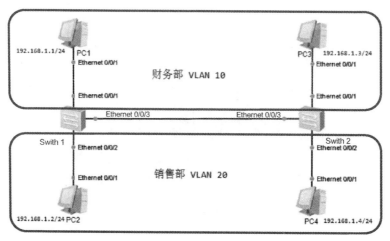

图 4-28 交换式网络的配置

配置要点如下。

```
（1）<Huawei>system-view                         //进入系统视图
（2）[Huawei]sysname                             //交换机更改名称
（3）[huawei]interface Ethernet 0/0/1            //进入接口视图
（4）[huawei-Ethernet0/0/1]port link-type access //端口的链路类型为 Access（连
接计算机的端口），华为的默认设置接口是 Hybrid 模式
（5）[huawei-Ethernet0/0/1]port default vlan 10 //将这个接口加入 VLAN 10 中
（6）[Switch1-Ethernet 0/0/1]port link-type access//端口的链路类型为 Access（连
接计算机的端口），华为的默认设置接口是 Hybrid 模式
（7）[Switch2-Ethernet 0/0/3]port link-type trunk//端口的链路类型为 Trunk
（8）[Switch2-Ethernet 0/0/3]port trunk allow-pass vlan 10 20//允许 VLAN 10 和
VLAN 20 通过
```

3. 实训步骤

1）单交换机划分 VLAN

（1）双击"PC1"，弹出配置对话框，按图 4-27 配置需求配置 PC1 的 IP 地址及子网掩码，如图 4-29 所示。

PC2、PC3 及 PC4 的配置方法同上，此处略。

（2）创建 VLAN 10 和 VLAN 20

```
<Huawei>system-view
[Huawei]vlan batch 10 20
```

（3）交换机端口配置，将连接 PC 的交换机端口配置为 Access 模式，并加入相应的 VLAN 中。

①配置端口 Ethernet 0/0/1。

```
[Huawei]interface Ethernet 0/0/1
[Huawei-Ethernet 0/0/1]port link-type  access
```

```
[Huawei-Ethernet 0/0/1]port  default  vlan 10
[Huawei-Ethernet 0/0/1]quit
```

图 4-29　PC1 的 IP 地址、子网掩码配置

②配置端口 Ethernet 0/0/2。

```
[Huawei] interface Ethernet 0/0/2
[Huawei-Ethernet 0/0/2]port  link-type  access
[Huawei-Ethernet 0/0/2]port  default  vlan 10
[Huawei-Ethernet 0/0/2]quit
```

③配置端口 Ethernet 0/0/3。

```
[Huawei] interface Ethernet 0/0/3
[Huawei-Ethernet 0/0/3]port  link-type  access
[Huawei-Ethernet 0/0/3]port  default  vlan 20
[Huawei-Ethernet 0/0/3]quit
```

④配置端口 Ethernet 0/0/4。

```
[Huawei] interface Ethernet 0/0/4
[Huawei-Ethernet 0/0/4]port  link-type  access
[Huawei-Ethernet 0/0/4]port  default  vlan 20
[Huawei-Ethernet 0/0/4]quit
```

（4）在交换机上使用 display port vlan 命令查看各端口的模式，如下所示。

```
[Huawei]display port vlan
Port                 Link Type   PVID  Trunk VLAN List
----------------------------------------------------------------------
-----
Ethernet0/0/1        access      10    -
Ethernet0/0/2        access      10    -
Ethernet0/0/3        access      20    -
Ethernet0/0/4        access      20    -
```

（5）案例验证。在 PC1 上使用 ping 命令测试各 PC 的连通性；此时，财务部的 PC 可以互相通信，与销售部的 PC 无法通信，如下所示。

```
PC>ping 192.168.1.1
Ping 192.168.1.1: 32 data bytes, Press Ctrl_C to break
From 192.168.1.1: bytes=32 seq=1 ttl=128 time<1 ms
```

```
From 192.168.1.1: bytes=32 seq=2 ttl=128 time<1 ms
From 192.168.1.1: bytes=32 seq=3 ttl=128 time<1 ms
From 192.168.1.1: bytes=32 seq=4 ttl=128 time<1 ms
From 192.168.1.1: bytes=32 seq=5 ttl=128 time<1 ms
--- 192.168.1.1 ping statistics ---
  5 packet(s) transmitted
  5 packet(s) received
  0.00% packet loss
  round-trip min/avg/max = 0/0/0 ms
PC>ping 192.168.1.2
Ping 192.168.1.2: 32 data bytes, Press Ctrl_C to break
From 192.168.1.2: bytes=32 seq=1 ttl=128 time=47 ms
From 192.168.1.2: bytes=32 seq=2 ttl=128 time=47 ms
From 192.168.1.2: bytes=32 seq=3 ttl=128 time=47 ms
From 192.168.1.2: bytes=32 seq=4 ttl=128 time=47 ms
From 192.168.1.2: bytes=32 seq=5 ttl=128 time=47 ms
--- 192.168.1.2 ping statistics ---
  5 packet(s) transmitted
  5 packet(s) received
  0.00% packet loss
  round-trip min/avg/max = 47/47/47 ms
PC>ping 192.168.1.3
Ping 192.168.1.3: 32 data bytes, Press Ctrl_C to break
From 192.168.1.1: Destination host unreachable
From 192.168.1.1: Destination host unreachable
From 192.168.1.1: Destination host unreachable
From 192.168.1.1: Destination host unreachable
From 192.168.1.1: Destination host unreachable
--- 192.168.1.3 ping statistics ---
  5 packet(s) transmitted
  0 packet(s) received
  100.00% packet loss
PC>ping 192.168.1.4
Ping 192.168.1.4: 32 data bytes, Press Ctrl_C to break
From 192.168.1.1: Destination host unreachable
From 192.168.1.1: Destination host unreachable
From 192.168.1.1: Destination host unreachable
From 192.168.1.1: Destination host unreachable
From 192.168.1.1: Destination host unreachable
--- 192.168.1.4 ping statistics ---
  5 packet(s) transmitted
  0 packet(s) received
  100.00% packet loss
```

在 PC2、PC3 及 PC4 上使用 ping 命令测试各 PC 的连通性方法同上，此处略。

2）多交换机划分 VLAN

（1）双击 "PC1"，弹出配置对话框，按图 4-28 配置需求配置 PC1 的 IP 地址及子网掩码，如图 4-30 所示。

图 4-30　PC1 的 IP 地址、子网掩码配置

PC2、PC3 及 PC4 的配置方法同上，此处略。

（2）在交换机 Switch1 和交换机 Switch2 上创建 VLAN 10 和 VLAN 20。

①交换机 Switch1。

```
<Huawei>system-view
[Huawei]sysname Switch1
[Switch1]vlan batch 10 20
```

②交换机 Switch2。

```
<Huawei>system-view
[Huawei]sysname Switch2
[Switch2]vlan batch 10 20
```

（3）在交换机 Switch1 和交换机 Switch2 上，将连接 PC 的交换机端口配置为 Access 模式，并加入相应的 VLAN 中。

①交换机 Switch1。

```
[Switch1]interface Ethernet 0/0/1
[Switch1-Ethernet 0/0/1]port link-type access
[Switch1-Ethernet 0/0/1]port default vlan 10
[Switch1-Ethernet 0/0/1]quit
[Switch1]interface Ethernet 0/0/2
[Switch1-Ethernet 0/0/2]port link-type access
[Switch1-Ethernet 0/0/2]port default vlan 20
[Switch1-Ethernet 0/0/2]quit
```

②交换机 Switch2。

```
[Switch2]interface Ethernet 0/0/1
[Switch2-Ethernet 0/0/1]port link-type access
[Switch2-Ethernet 0/0/1]port default vlan 10
[Switch2-Ethernet 0/0/1]quit
[Switch2]interface Ethernet 0/0/2
[Switch2-Ethernet 0/0/2]port link-type access
[Switch2-Ethernet 0/0/2]port default vlan 20
[Switch2-Ethernet 0/0/2]quit
```

（4）配置交换机 Switch1 和交换机 Switch2 之间的端口为 Trunk 模式，并放行 VLAN 10 和 VLAN 20。

①交换机 Switch1。

```
[Switch1]interface Ethernet 0/0/3
[Switch1-Ethernet 0/0/3]port  link-type  trunk
[Switch1-Ethernet 0/0/3]port  trunk allow-pass vlan 10 20
[Switch1-Ethernet 0/0/3]quit
```

②交换机 Switch2。

```
[Switch2]interface Ethernet 0/0/3
[Switch2-Ethernet 0/0/3]port  link-type  trunk
[Switch2-Ethernet 0/0/3]port  trunk allow-pass vlan 10 20
[Switch2-Ethernet 0/0/3]quit
```

（5）在交换机上使用 display vlan 命令查看交换机已创建的 VLAN 信息，如下所示。

```
[Switch1]display vlan
The total number of vlans is : 3
--------------------------------------------------------------------------------
------
U: Up;         D: Down;         TG: Tagged;         UT: Untagged;
MP: Vlan-mapping;               ST: Vlan-stacking;
#: ProtocolTransparent-vlan;    *: Management-vlan;
--------------------------------------------------------------------------------
------
VID Type   Ports
--------------------------------------------------------------------------------
------
1    common  UT:Eth0/0/3(U)      Eth0/0/4(D)      Eth0/0/5(D)      Eth0/0/6(D)
             Eth0/0/7(D)      Eth0/0/8(D)      Eth0/0/9(D)      Eth0/0/10(D)
             Eth0/0/11(D)     Eth0/0/12(D)     Eth0/0/13(D)     Eth0/0/14(D)
             Eth0/0/15(D)     Eth0/0/16(D)     Eth0/0/17(D)     Eth0/0/18(D)
             Eth0/0/19(D)     Eth0/0/20(D)     Eth0/0/21(D)     Eth0/0/22(D)
             GE0/0/1(D)       GE0/0/2(D)
10   common  UT:Eth0/0/1(U)
             TG:Eth0/0/3(U)
20   common  UT:Eth0/0/2(U)
             TG:Eth0/0/3(U)
VID Status Property    MAC-LRN Statistics Description
--------------------------------------------------------------------------------
------
1    enable  default    enable  disable   VLAN 0001
10   enable  default    enable  disable   VLAN 0010
20   enable  default    enable  disable   VLAN 0020
[Switch2]display vlan
The total number of vlans is : 3
--------------------------------------------------------------------------------
------
U: Up;         D: Down;         TG: Tagged;         UT: Untagged;
MP: Vlan-mapping;               ST: Vlan-stacking;
```

```
#: ProtocolTransparent-vlan;    *: Management-vlan;
------------------------------------------------------------------------
------
VID Type    Ports
------------------------------------------------------------------------
------
1   common  UT:Eth0/0/3(U)     Eth0/0/4(D)     Eth0/0/5(D)     Eth0/0/6(D)
                Eth0/0/7(D)     Eth0/0/8(D)     Eth0/0/9(D)     Eth0/0/10(D)
                Eth0/0/11(D)    Eth0/0/12(D)    Eth0/0/13(D)    Eth0/0/14(D)
                Eth0/0/15(D)    Eth0/0/16(D)    Eth0/0/17(D)    Eth0/0/18(D)
                Eth0/0/19(D)    Eth0/0/20(D)    Eth0/0/21(D)    Eth0/0/22(D)
                GE0/0/1(D)      GE0/0/2(D)
10  common  UT:Eth0/0/1(U)
                TG:Eth0/0/3(U)
20  common  UT:Eth0/0/2(D)
                TG:Eth0/0/3(U)
VID Status  Property     MAC-LRN Statistics Description
------------------------------------------------------------------------
------
1   enable  default      enable  disable    VLAN 0001
10  enable  default      enable  disable    VLAN 0010
20  enable  default      enable  disable    VLAN 0020
```

（6）在交换机上使用 display port vlan 命令查看各端口的模式，如下所示。

```
[Switch1]display port vlan
Port              Link Type   PVID  Trunk VLAN List
------------------------------------------------------------------------
-----
Ethernet0/0/1       access     10    -
Ethernet0/0/2       access     20    -
Ethernet0/0/3       trunk      1     1 10 20
[Switch2]display port vlan
Port              Link Type   PVID  Trunk VLAN List
------------------------------------------------------------------------
-----
Ethernet0/0/1       access     10    -
Ethernet0/0/2       access     20    -
Ethernet0/0/3       trunk      1     1 10 20
```

（7）案例验证。在 PC1 上使用 ping 命令测试各 PC 的连通性；此时，财务部的 PC 可以互相通信，与销售部的 PC 无法通信，如下所示。

```
PC>ping 192.168.1.1
Ping 192.168.1.1: 32 data bytes, Press Ctrl_C to break
From 192.168.1.1: bytes=32 seq=1 ttl=128 time<1 ms
From 192.168.1.1: bytes=32 seq=2 ttl=128 time<1 ms
From 192.168.1.1: bytes=32 seq=3 ttl=128 time<1 ms
From 192.168.1.1: bytes=32 seq=4 ttl=128 time<1 ms
From 192.168.1.1: bytes=32 seq=5 ttl=128 time<1 ms
--- 192.168.1.1 ping statistics ---
```

```
  5 packet(s) transmitted
  5 packet(s) received
  0.00% packet loss
  round-trip min/avg/max = 0/0/0 ms
PC>ping 192.168.1.2
Ping 192.168.1.2: 32 data bytes, Press Ctrl_C to break
From 192.168.1.1: Destination host unreachable
From 192.168.1.1: Destination host unreachable
From 192.168.1.1: Destination host unreachable
From 192.168.1.1: Destination host unreachable
From 192.168.1.1: Destination host unreachable
--- 192.168.1.2 ping statistics ---
  5 packet(s) transmitted
  0 packet(s) received
  100.00% packet loss
PC>ping 192.168.1.3
Ping 192.168.1.3: 32 data bytes, Press Ctrl_C to break
From 192.168.1.3: bytes=32 seq=1 ttl=128 time=94 ms
From 192.168.1.3: bytes=32 seq=2 ttl=128 time=78 ms
From 192.168.1.3: bytes=32 seq=3 ttl=128 time=78 ms
From 192.168.1.3: bytes=32 seq=4 ttl=128 time=78 ms
From 192.168.1.3: bytes=32 seq=5 ttl=128 time=125 ms
--- 192.168.1.3 ping statistics ---
  5 packet(s) transmitted
  5 packet(s) received
  0.00% packet loss
  round-trip min/avg/max = 78/90/125 ms
PC>ping 192.168.1.4
Ping 192.168.1.4: 32 data bytes, Press Ctrl_C to break
From 192.168.1.1: Destination host unreachable
From 192.168.1.1: Destination host unreachable
From 192.168.1.1: Destination host unreachable
From 192.168.1.1: Destination host unreachable
From 192.168.1.1: Destination host unreachable
--- 192.168.1.4 ping statistics ---
  5 packet(s) transmitted
  0 packet(s) received
  100.00% packet loss
```

在 PC2、PC3 及 PC4 上使用 ping 命令测试各 PC 的连通性，方法同上，此处略。

知识小结

局域网在实际中有广泛的应用，涉及工作和生活的方方面面，同时局域网是计算机、通信、电子、光电子和多媒体技术相互融合而形成的一种技术，其理论方法和实践手段仍在不断发展。目前局域网用得比较多的是以太网、交换式以太网、VLAN 及无线局域网。

为了更好地解决局域网目前存在的问题，我们要了解局域网涉及 OSI 参考模型的层次和功能，知道局域网的工作原理和方式，以及 IEEE 802 标准。

理论练习

1. 填空题

（1）局域网具有_____、_____、_____、_____等特点。

（2）IEEE 802.1 标准定义了_____、_____、_____与_____。

（3）以太网标准 IEEE 802.3 系列有_____、_____、_____和_____标准。

（4）光缆可分为_____和_____两类。

（5）链路可以分为_____和_____。

2. 选择题

（1）以下叙述正确的是（　　　）。

A. 若媒介忙，则等待一段随机时间再发送

B. 完成接收后，则解开帧，提交给高层协议

C. 若在帧发送过程中检测到碰撞，则停止发送，等待一段随机时间再发送

D. 当网络上的站点处在接收状态时，只要媒介上有帧传输就接收该帧，即使是帧碎片也会接收

（2）在快速以太网中不能进行自动协商的媒介是（　　　）。

A. 光缆　　　　B. 100Base-T4　　　C. 100Base-T　　　D. 100Base-TX

（3）千兆以太网多用于（　　　）。

A. LAN 系统的骨干　　　　　　B. 任意位置

C. 集线器之间的互联　　　　　　D. 网卡与集线器的互联

（4）全双工以太网传输技术的特点是_____。

A. 能同时发送和接收帧，不受 CSMA/CD 限制

B. 能同时发送和接收帧，受 CSMA/CD 限制

C. 不能同时发送和接收帧，不受 CSMA/CD 限制

D. 不能同时发送和接收帧，受 CSMA/CD 限制

（5）进入交换机全局模式的命令是（　　　）。

A. show run　　　　　　　　　B. configure terminal

C. config　　　　　　　　　　D. enable

（6）交换机知道将帧转发到哪个端口的方法是（　　　）。

A. 读取源 ARP 地址　　　　　　B. 用 ARP 地址表

C. 用 MAC 地址表　　　　　　　D. 读取源 MAC 地址

（7）以太网交换机一个端口在接收到数据帧时，如果没有在 MAC 地址中查找到目的 MAC 地址，通常（　　　）。

A. 丢弃该帧

B. 把以太网帧发送到除了本端口以外的所有端口

C．把以太网帧复制到所有端口

D．把以太网帧单点发送到特定端口

（8）下列属于 10Base-T 中网卡与集线器之间双绞线接法的是（　　　）。

A．1-2，2-2，3-6，6-3　　　　　　B．1-3，2-6，3-1，6-2

C．1-6，2-3，3-2，6-1　　　　　　D．1-1，2-2，3-3，6-6

（9）10Mbit/s 和 100Mbit/s 自适应系统是指（　　　）。

A．其他三项都是

B．端口之间 10Mbit/s 和 100Mbit/s 传输速率的自动匹配功能

C．工作在 10Mbit/s，同时工作在 100Mbit/s

D．既可工作在 10Mbit/s，又可工作在 100Mbit/s

3. 简答题

（1）交换机的工作原理。

（2）简述 CSMA/CD 的工作流程。

（3）试述以太网帧格式。

（4）简述交换机转发的 3 种方式及其特点。

（5）什么是冲突域和广播域？简述交换机连接网络的冲突域和广播域特点。

（6）VLAN 的划分方法有哪些？

（7）无线局域网的特点。

>>>>>>

第5章

网络互联

学习导入

通过局域网可以实现局域网内部计算机的连接与通信，那么面对更大规模的网络该如何实现信息传输与资源共享呢？这需要通过多种网络互联的方式来实现。本章将学习网络互联所需要的常用设备、方式及常用路由算法的原理。

思维导图

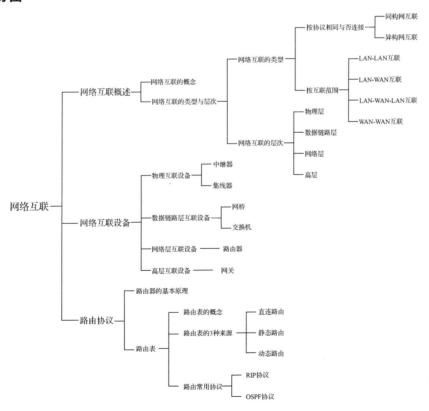

- 理解常用网络互联设备及其主要功能。
- 掌握网络互联的类型、层次。
- 掌握路由器的工作原理。
- 理解常用路由算法 RIP 协议、OSPF 协议。

相关知识

5.1　网络互联概述

5.1.1　网络互联的概念

我们已经知道，计算机网络由通信子网、资源子网和通信协议 3 个部分组成。网络互联是指利用通信线路、通信设备及相应的协议把两个以上的不同类型、不同功能的网络连接起来，以构成更大规模的网络系统，实现网络间的相互通信和资源共享。

5.1.2　网络互联的类型与层次

1. 网络互联的类型

计算机网络覆盖的地理范围不同，所采用的传输技术不同，所需要实现的功能也不同，因此形成了具有多种网络技术特点的网络类型。网络类型不同，则网络互联必然会涉及异构问题。采用相同协议的局域网进行互联，称为同构网的互联；采用不同协议的局域网进行互联，称为异构网的互联。同构网的互联常用设备有中继器、集线器、交换机、网桥等；异构网的互联常用设备有网桥、路由器等。

网络互联可以分为 LAN-LAN 互联、LAN-WAN 互联、LAN-WAN-LAN 互联、WAN-WAN 互联 4 种类型。

1）LAN-LAN 互联

LAN-LAN 互联是指距离较近的局域网进行互联，如园区网内部部门之间互联、楼栋之间互联，多属于同构网，可按需求采用同构网互联设备。

2）LAN-WAN 互联

LAN-WAN 互联是网络互联的常见方式之一，如集团与子公司机构内部的网络互联、教育网之间的互联等，常用网关与路由器设备实现互联。

3）LAN-WAN-LAN 互联

LAN-WAN-LAN 互联是指大规模的跨地域性的计算机网络互联，通常跨越省、市，甚至一个国家，同样常用网关与路由器设备实现互联。

4）WAN-WAN 互联

WAN-WAN 互联是指将多个广域网互联，从而实现更远距离的 WAN-WAN 资源共享，通常通过路由器与网关设备实现互联。

2. 网络互联的层次

网络互联实质上是协议之间的转换，为了使不同的厂商、网络之间实现连通，互联网的设备设置需要按照 OSI 协议或 TCP/IP 协议，确保网络设备在网络互联过程中进行协议转换时遵守协议规则，即异构网互联时具有相同的协议层才能进行协议转换。

网络互联可分为 4 层，分别物理层、数据链路层、网络层及高层。网络互联层次及其设备如图 5-1 所示。

- 物理层：用于不同地理范围内网段之间的互联，工作在物理层的网络设备有中继器、集线器。
- 数据链路层：用于互联两个及以上同类型局域网，工作在数据链路层的网络设备有网桥、交换机（二层）。
- 网络层：用于广域网互联，工作在网络层的网络设备有路由器、网关等。
- 高层：用于进行不同协议的转换，工作在高层的网络设备有路由器、网关等。

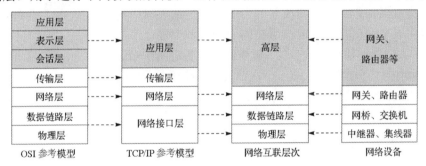

图 5-1　网络互联层次及其设备

以上这种工作在不同协议层的分类方式只属于逻辑概念上的划分，现实中部分设备是可以同时工作在多个协议层上的。

5.2　网络互联设备

从前一节网络互联概述中，我们知道了网络互联设备主要包含中继器（RePeater，RP）、集线器（Hub）、网桥（Bridge）、交换机（Switch）、路由器（Router）等，下面我们将分别介绍这些设备的功能。

5.2.1　物理层互联设备

1. 中继器

中继器（RePeater，RP）如图 5-2 所示，它的主要作用是扩展网络长度。在网络中每一网

图 5-2　中继器

段传输介质均有其最大的传输长度，如双绞线的最大传输长度为100m,细缆的最大传输长度为185m,粗缆的最大传输长度为500m,超过这个长度，传输介质中的数据信号就会衰减，衰减到一定程度就容易失真，继而导致数据传输错误。中继器就是用来解决这一问题的设备。

中继器的作用是将传输较长距离后的信号进行整形和放大，也可以将不同传输介质的网络连接在一起。例如，连接 10Base-5 规格的介质和 10Base-2 规格的介质(仅用于连接相同的局域网网段)。中继器不对传输信号进行校验处理。

中继器安装简单、使用方便、价格低廉，当扩展网络要突破距离和节点的限制，并且连接的网络分支都不会产生太多数据流量，成本又不能太高时，可以考虑选择中继器。

2. 集线器

集线器（Hub）又称多口中继器，是一种特殊的中继器。集线器有多个端口，如图 5-3 所示，可作为多个网段的转接设备，是对网络进行集中管理的最小单元，在总线、星形或环形结构中均可以使用集线器构建网络。集线器的主要功能是放大和中转信号，通过将一个端口接收到的信号在同一冲突域中进行广播发送，达到扩大网络传输范围的目的。集线器不具备定向传输能力，是一个标准的共享式设备，即一个端口发出的广播信号，同一冲突域中的其他端口都能够接收到。

图 5-3　集线器

5.2.2　数据链路层互联设备

1. 网桥

图 5-4　网桥

网桥（Bridge）也称为桥接器，是早期的两端口二层网络设备，如图 5-4 所示，工作在数据链路层。网桥是同时具备存储和转发功能的网络设备，能够用来连接两个不同的网段。网桥具备定向转发功能，能够识别 MAC 地址并根据 MAC 地址转发接收到的数据帧。

网桥的性能比中继器和集线器更好。网桥的两个端口分别有一条独立的交换信道，能够隔离冲突域；而集线器上各端口共享同一条背板总线，不能隔离冲突域。

当前，网桥已被性能更佳、端口更多，同时可以隔离冲突域的交换机取代，一般的交换机都具有桥接功能。

2. 交换机

广义的交换机（Switch）是一种在通信系统中完成信息交换功能的设备，能够基于 MAC 地址识别，完成封装转发数据帧的功能。交换机通过学习 MAC 地址机制，将学习到的 MAC 地址存放在设备的 MAC 地址表中，在数据帧的发送者和接收者之间建立临时交换路径，按照交换路径正确转发数据帧，直到到达目的地址。

1）交换机的外观

交换机的端口数量较多，RJ-45 端口（网线端口）与配置端口（Console）通常在前面板上，用来连接计算机或其他交换机。每个端口有一个对应的指示灯，该指示灯亮、灭或闪烁可以反映交换机的工作状态是否正常。通常机房使用的交换机为接入层交换机（一般采用二层交换机），为各种终端接入网络提供接口（24 口交换机）。

机架（柜）式交换机的标准长度为 48.26cm。

交换机如图 5-5 所示。

2）交换机的参数

交换机的参数是衡量交换机用途、性能的重要参考依据。例如，最小带宽、用户节点数量、是否支持远程网络管理、有多少个扩展槽、支持哪些网络协议、是否支持 VLAN、端口数量等。

图 5-5　交换机

（1）背板带宽。

交换机的背板带宽是交换机端口处理器或端口卡和数据总线间所能吞吐的最大数据量。背板带宽标识交换机的总数据交换能力，单位为 Gbit/s，也叫交换带宽，一般交换机的背板带宽从几 Gbit/s 到上百 Gbit/s 不等。背板带宽为所有端口传输速率总和的 2 倍是基本配置。

（2）包转发率。

包转发率标识交换机转发数据包能力的大小，也就是每秒可以转发多少个数据包，单位一般为 pps（包每秒），一般交换机的包转发率在几十 kpps 到几百 Mpps 不等。包转发率体现了交换机的交换能力。

（3）VLAN 支持。

VLAN 目前主要应用在二层交换技术中。要实现不同 VLAN 互通，就需要三层交换路由功能，只有三层交换机才具备此功能，这一点查看相应交换机说明书便可得知。

VLAN 的好处主要有 3 个。

- 端口分隔。即便在同一个交换机上，不同 VLAN 端口之间也不能互相通信，这样一个物理交换机可以当作多个逻辑交换机使用。
- 网络安全。不同 VLAN 之间不能直接通信，杜绝了广播信息的不安全性。
- 灵活管理。更改用户所属的网络不必更换端口和连线，只需要更改软件配置即可。

（4）MAC 地址表。

交换机之所以能够直接对目的节点定向发送数据包，是因为其可以识别连接在网络上的节点的网卡 MAC 地址，并把它们存放到一个称为 MAC 地址表的地方，MAC 地址表存放于交换机的缓存中。通过记住这些地址，当需要向目的地址发送数据时，交换机就可首先在 MAC 地址表中查找这个 MAC 地址的节点位置，然后直接向这个位置的节点发送数据。

MAC 地址数量是指交换机的 MAC 地址表中最多可以存储的 MAC 地址数量。存储的 MAC 地址数量越多，数据转发的效率越高。通常交换机能够存储 1024 个 MAC 地址。

交换机与集线器的区别如下。

① 集线器是一种共享设备，不能定向转发数据，而交换机可以。

集线器本身不能识别目的地址，因此只能进行数据的广播，而交换机可以学习目的地址。交换机的某一端口收到数据帧后，首先会查找内存中的 MAC 地址表，以确定目的 MAC 地址的所在端口，然后进行转发。只有在目的 MAC 地址不能识别的情况下才会对数据帧进行广播，同时交换机将学习新的地址，并把它添加到MAC地址表中。

② 集线器不能隔离广播域，交换机可以隔离广播域。

集线器在共享式网络上通过广播传输数据帧，不能隔离冲突域，即对于发送端发出的数据帧，所有终端都能收到。每个终端都会通过验证帧头中的地址信息来确定是否接收，在一个冲突域下发生信号碰撞的概率非常大，容易产生数据错误。因此在 CSMA/CD 机制的控制下，数据在同一时间内必须维持单向传输，即只能在半双工模式下工作，效率相对低下。

交换机的端口具备过滤和转发功能，当前端口只允许通过验证的数据帧通过，这一机制能够有效隔离冲突域，避免广播风暴，减少数据错误，避免共享冲突。集线器的所有端口都会产生冲突，而交换机解决了端口冲突问题。

③ 集线器传输流量小，交换机相对传输流量大。

交换机同一时刻能够在多个端口对之间进行数据传输，即当端口 A 向端口 D 发送数据时，端口 B 可同时向端口 C 发送数据。连接在每个端口上的设备均独自享有全部带宽，而无须像由集线器构建的共享型网络一样与其他设备竞争使用全部带宽。假设使用 10Mbit/s 以太网交换机，那么该交换机的总流量就等于交换机端口数量×10Mbit/s；而使用 10Mbit/s 的集线器，由于所有端口共享 10Mbit/s 宽带，自然传输效率更低。

总之，交换机的功能较集线器更强大，传统集线器已逐渐被交换机取代。

5.2.3 网络层互联设备

路由即把数据从一个地方转发到另一个地方的行为，转发策略称为路由选择（Routing）。路由器是执行这种行为的机器，它的英文名称为 Router。路由器通过路由决定数据的转发，工作在 OSI 参考模型第三层（网络层），是一种连接多个网络或网段的网络设备，是网络中进行网间连接的关键设备。

路由器的主要作用是为收到的报文寻找正确的路径并转发出去。路由器解决了从一个网络向另一个网络传输数据包的问题。路由器分割了网络广播域，减少了广播报文的传输区域。图 5-6 和图 5-7 所示为不同高度的路由器（高度单位为 U）。

图 5-6　1U 路由器

图 5-7　2U 路由器

1）路由器分类

① 从结构上划分，路由器可分为模块化结构与非模块化结构。通常中高端路由器为模块化结构，可以根据需要添加各种功能模块；低端路由器为非模块化结构。

② 从网络位置上划分，路由器可分为核心路由器与接入路由器。核心路由器位于网络中心，通常使用高端路由器，要求具有快速的包交换能力与高速的网络端口，通常采用模块化结构；接入路由器位于网络边缘，通常使用中低端路由器，要求具有相对低速的端口与较强的接入控制能力，通常采用非模块化结构。

③ 从功能上划分，路由器可分为骨干级路由器、企业级路由器和接入级路由器。骨干级

路由器是实现企业级网络互联的关键设备，数据吞吐量较大，非常重要。企业级路由器连接许多终端系统，连接对象较多，但系统相对简单，且数据流量较小，对这类路由器的要求是以尽量便宜的方法实现尽可能多的端点互联，同时能够支持不同的服务质量。接入级路由器主要应用于连接家庭或 ISP 内的小型企业客户群体。

2）路由器的端口

路由器具有非常强大的网络连接和路由功能，可以与各种不同类型的网络进行物理连接，因此路由器的端口技术非常复杂。越高端的路由器，其端口种类越丰富，所能连接的网络类型及用途越多。

① AUI 端口。AUI 端口是与粗同轴电缆连接的端口，是一种 D 型 15 端接口，在令牌环网或总线网络中比较常见，现在很少使用。

② RJ-45 端口。RJ-45 端口常见于双绞线以太网端口。

③ SC 端口。SC 端口是我们常说的光纤端口，用于与光纤连接。通常不直接用光纤连接至工作站，而通过光纤连接到快速以太网或千兆以太网等具有光纤端口的交换机。

④ 高速同步串口。在广域网连接中，应用最多的端口即高速同步串口（Serial）。这种端口主要用于目前应用广泛的 DDN、帧中继（Frame Relay）、X.25、PSTN（模拟电话线路）等网络连接模式。

⑤ 异步串口。异步串口（Async）主要用于实现远程计算机通过公用电话网拨入网络。

⑥ ISDN BRI 端口。因 ISDN 这种互联网接入方式在连接速度上有它独特的一面，所以 ISDN BRI 端口在 ISDN 刚兴起时得到了充分应用。

⑦ Console 端口。一般具备 VPN 功能的设备都带有一个控制端口——Console 端口，用来与计算机或终端设备进行连接，通过特定的软件来配置路由器。

⑧ AUX 端口。AUX 端口为异步端口，主要用于远程配置，也可用于拨号连接，还可通过收发器与 Modem 进行连接。

路由器作为网络连接枢纽，构成了 Internet 的骨架，它的可靠性直接影响整个网络通信的质量。

5.2.4 高层互联设备

网关（Gateway）是一个网络连接到另一个网络的"关口"，又称网间连接器、协议转换器。在计算机网络中，当连接不同类型而协议差别较大的网络时，就需要用到网关。通俗地说，网关就是不同种协议间的翻译官，既可以用于广域网互联，又可以用于不同网段的局域网互联。网关可以将协议进行转换，将数据重新分组，以便在两个不同类型的网络系统之间进行通信。

网关设备是一个标准的三层设备，只有在跨网段传输数据时才会有网关的概念，就像连接两个不同房间的门。充当网关服务器的可以是一台计算机、防火墙、路由器或三层交换机，只要具有 3 层及以上层次功能的设备，都可以转化为网关。

下面通过一个实例来理解这些设备在网络体系结构中的应用。

如图 5-8 所示，某公司有工程部和后勤部两个部门，均拥有各自的局域网，且互相独立。后勤部有一台交换机，连接了后勤部所有的计算机；工程部也有一台交换机，连接了工程部所有的计算机。由于工作需要，要求两个部门的网络连接在一起，构成一个较大的网络。要求工程部与后勤部的计算机能够互相通信，资源共享。该任务需要把两个局域网连接在一起，因此需要路由器实现两个局域网络的互通，完成数据的互相转发，路由器在这里扮演了一个选择路径的角色，为两个部门的信息互通搭建了桥梁。

同时，该公司需要能够访问 Internet，如图 5-9 所示，因此路由器在此也充当了公司这个局域网的出口路由器，完成公司内部网络连接到 Internet 的功能。

从网络结构来讲，公司内部每个部门属于二层网络，终端直接连接部门交换机，部门交换机充当接入层，一般接入层使用二层交换机（工作在数据链路层）即可。二层交换机不具备网络管理功能，只能进行数据转发。部门与部门之间跨网段进行数据传输，可以将接入层交换机接入性能更为强大的汇聚层交换机，汇聚层一般使用三层交换机（工作在网络层）。三层交换机具备简单的网络管理功能，相比路由器，其提供的接口数量更多。核心层采用路由器（三层设备），可以连接 Internet。

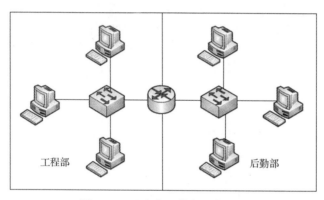

图 5-8　工程部与后勤部互联

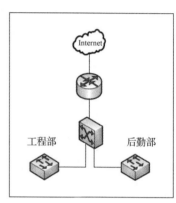

图 5-9　公司内部网络连接到 Internet

5.3　路由协议

5.3.1　路由器的基本原理

路由器是网络层的设备，主要作用是为收到的报文寻找正确的路径，并把它们转发出去。换言之，路由器负责从一个逻辑网络向另一个逻辑网络传输数据包，像现实生活中的邮局一样，用户将信件交给本地邮局，本地邮局会将这个信件送到目的邮局，最后由目的邮局送交给收信人。

路由器是用来连接异种网络的重要网络设备，必须具备以下性质。

- 两个或两个以上的接口（用于连接不同的网络）。
- 协议至少实现到网络层（只有理解网络层协议才能与网络层通信）。
- 至少支持两种以上的子网协议（异种网）。
- 具有存储、转发、寻径的功能。

路由器实现了不同网络之间的互联，具体表现如下。

- 速率适配——不同接口具有不同的速率，路由器可以利用自己的缓冲区、队列及流控协议等能力实现对不同网络速率的适配。
- 隔离网络——路由器可以隔离广播，防止广播风暴，同时可以对数据包实行灵活多样的过滤策略以保证网络安全。
- 路由（寻径）——为实现数据转发，路由器能够建立、刷新路由表，并根据路由表转发数据包。
- 分片与重组——当接口的 MTU 不同时，超过接口 MTU 长度的报文会被路由器分片，只有到达目的地的报文才会被重组。
- 备份、流量控制——为保证网络可靠运行，路由器一般都具备主备线路的切换流量控制功能。
- 异种网络互联——具有异种子网协议的网络互联。子网是指用来承载网络层数据报文的网络。路由器在报文转发的过程中实现协议转换。

路由器根据数据包中的网络层协议头转发数据包，并非由一台路由器一直负责将数据包送到目的地，每台路由器完成的仅是一个转发的过程，只负责决定将数据包转发到哪一台主机或路由器上（下一跳），使它能到达目的地。

通常转发之前，路由器会先计算出一条到达目的地的最佳路径，就如同你在北京工作，放假了想到张家界旅游，你很可能会花些时间研究地图以决定到达张家界的最佳路径。类似地，在网络中，网络层设备——路由器通过运行路由协议（Routing Protocol）来计算到达目的地的最佳路径，首先找到数据包应该被转发到的下一个网络设备，然后利用网络层协议封装数据包，最后利用下层提供的服务把数据包发送到下一个网络设备。

如图 5-10 所示，有人可能认为通过虚线标识的路径比较好，因为这条路径比其他的路径要短。但是，开车旅行的人都知道，路短并非是最好的。在某些情况下，许多人情愿选择较长的路，因为那条路不塞车，有更好的路面条件或更多的休息点。路径的好坏是要用一个标准来衡量的。同样，在网络的世界里，在不同情况下，我们对每条路径的优劣有相应的衡量标准。例如，路由协议 RIP（Routing Information Protocol）就是通过跳数的多少来衡量一条路径的优劣的。

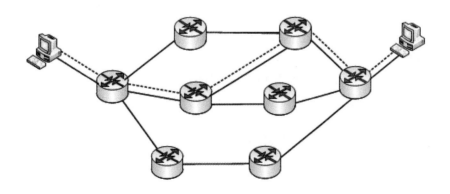

图 5-10　路由器最佳路径的选择

5.3.2 路由表

1. 路由表的概念

把报文从一个网络转发到另一个网络的过程，称为 IP 报文的转发。路由器根据目的 IP 地址确定最佳路由，完成报文的转发。每一台路由器都存储着一张关于路由信息的表，称为路由表。路由器通过提取报文中的目的 IP 地址，并与路由表中的表项进行比较来确定最佳路由。

路由表通常至少包括 4 个字段：目的网络地址、子网掩码、下一跳地址（Next-Hop）、发送接口，如表 5-1 所示。

表 5-1 路由表字段

目的网络地址	子 网 掩 码	下一跳地址	发 送 接 口
1.0.0.0	255.0.0.0	8.8.8.1	G0/0/1
192.168.6.0	255.255.255.0	202.114.16.1	G0/0/1
100.12.0.0	255.255.0.0	100.10.1.1	G0/0/1

当路由器需要转发一个数据包时，首先会在路由表中查找目的网络地址，如果发现存在匹配项，就将数据包从路由表中该项所指示的发送接口转发到下一跳，下一跳就是该数据包应该被发送到的下一台路由器的某个接口的 IP 地址；如果在路由表中没有找到匹配项，路由器就会丢弃这个数据包。

如果在路由表中存在多个匹配项，那么路由器将根据特定原则选择一项作为路由，即在所有的匹配表项中选择子网掩码长度最长的那一个表项，因此该原则称为最长匹配原则。例如，路由器要转发一个目的网络地址为 2.2.2.1 的数据包，其路由表内容如表 5-2 所示。

表 5-2 路由表内容

目的网络地址	子 网 掩 码	下一跳地址	发 送 接 口
1.0.0.0	255.0.0.0	9.9.9.9	G0/0/1
2.0.0.0	255.0.0.0	10.10.10.10	G0/0/1
2.2.2.0	255.255.0.0	8.8.8.8	E0/0/1
0.0.0.0	0.0.0.0	7.7.7.7	G0/0/2

为了查找路由表中的匹配项，必须按照目的 IP 地址的网络地址，与路由表各项逐个对照。

（1）第 1 项目的网络地址与数据包的目的 IP 地址不属于同一网段，所以路由表中的第 1 项与 IP 包不匹配。

（2）第 2 项只要求目的网络地址与数据包的目的 IP 地址的前 8 位相同。因为目的网络地址 2.0.0.0 的前 8 位与数据包的目的 IP 地址 2.0.0.0 的前 8 位相同，所以路由表的第 2 项与 IP 包匹配。

（3）第 3 项只要求目的网络地址与数据包的目的 IP 地址的前 24 位相同。因为目的网络地址 2.2.2.0 的前 24 位与数据包的目的 IP 地址 2.2.2.1 的前 24 位相同，所以路由表的第 3 项也与 IP 包匹配。

（4）第 4 项 0.0.0.0 为默认路由，不要求目的网络地址的任何比特与数据包的目的 IP 地址相同。也就是说，这一项可以和任何 IP 包匹配，显然，第 4 项也与该 IP 包匹配。

这样，我们有 3 条合适的路由。因为最长匹配原则规定，必须选用子网掩码长度最长的那条匹配路由，所以本例中的路由器采用路由表中的第 3 条路由来转发该数据包，因为 24 位的子网掩码显然要长于 8 位和 0 位的子网掩码。这样路由器就将数据包从 E0/0/1 接口转发给了 8.8.8.8。

2．路由表的 3 种来源

路由表中的路由信息来源分为 3 类：直连路由、静态路由、动态路由。

1）直连路由

直连路由产生于路由设备自动发现的路由信息，当设备启动后，设备一旦配置了接口 IP 地址，且接口状态为 up 状态的时候，设备的路由表中就会自动生成直连路由项目信息。如图 5-11 所示，在某网络拓扑图的路由表中，属性为 Direct 的路由信息，皆为直连路由信息，直连路由优先级 Pre 为 0。

```
[Huawei]display ip routing-table
Route Flags: R - relay, D - download to fib
------------------------------------------------------------------------------
------
Routing Tables: Public
        Destinations : 10      Routes : 10

 Destination/Mask       Proto      Pre     Cost       Flags  NextHop
Interface

      1.1.2.0/24        Direct     0       0          D      1.1.2.1
GigabitEthernet 0/0/1
      1.1.2.1/32        Direct     0       0          D      127.0.0.1
GigabitEthernet 0/0/1
      1.1.2.255/32      Direct     0       0          D      127.0.0.1
GigabitEthernet 0/0/1
      1.1.3.0/24        static     60      0          RD     1.1.2.2
GigabitEthernet 0/0/1
      ......
```

图 5-11　某网络拓扑图的路由表

2）静态路由

静态路由（Static Routing）由网络管理员采用手动配置的方法生成。在网络规模不大的情况下，路由器数量较少，路由表规模也相对简单，通常可以采用手动配置的方法配置每台路由器的路由表。

静态路由适用于小规模网络，其优点如下。

- 手工配置，可以精确控制路由选择，改进网络的性能。
- 不需要动态路由协议参与，这会减少路由器的开销，为重要的应用保证带宽。

在如图 5-11 所示的路由表中，属性为 static 的路由信息，就是静态路由信息，静态路由优先级 Pre 默认为 60。

3）动态路由

静态路由具有一定的局限性，其配置随着网络规模的增长而受到限制，当非直连网络的数量达到一定程度时，静态路由的配置效率显得低下。由于路由器的数量增多，路由表的表项规模逐步变得庞大，网络管理员在进行手工配置时容易出错；另外静态路由不能自动适应网络拓扑结构的变化，一旦网络拓扑结构改变或网络链路发生故障，路由器上部分指导数据转发的路由信息将变得无效。手工配置或修改大规模网络，效率相对低下且成本高昂，对网络管理员也会造成一定的负担。此时，可以通过运行动态路由协议来获取路由信息，这样设备的路由表能够实时发现并响应网络结构的变化。

路由表可以同时运行多种路由协议，如 RIP 协议（基于距离矢量算法）、OSPF 协议（基于链路状态选择算法）等。

5.3.3　常用路由协议

1. RIP 协议

RIP（Routing Information Protocol，路由信息协议）是一种较为简单的内部网关协议（Interior Gateway Protocol，IGP），常用于规模较小的网络，如校园网及结构较简单的地区性网络，对于更为复杂的环境和大型网络一般不使用 RIP。由于 RIP 的实现较为简单，在配置和维护管理方面也远比 OSPF 和 IS-IS 容易，因此在实际组网中仍有广泛应用。

1）RIP 的基本概念

RIP 是一种基于距离矢量（Distance-Vector）算法的协议，通过 UDP 报文进行路由信息的交换，使用的端口号为 520。RIP 使用跳数来衡量到达目的地址的距离，跳数称为度量值。在 RIP 中，路由器到与它直接相连网络的跳数为 0，通过与其相连的路由器到达另一个网络的跳数为 1，其余依此类推。为限制收敛时间，RIP 规定度量值取 0~15 之间的整数，大于或等于 16 的跳数被定义为无穷大，即目的网络或主机不可达。由于这个限制，RIP 不适合应用于大型网络。

网络中运行 RIP 的路由器周期性地向相邻的路由器发送它们的路由表。路由器在从相邻路由器接收到的信息的基础上建立自己的路由表后，将信息传输到它的相邻路由器。这样一级级地传输下去以达到全网同步。也就是说，距离矢量路由表中的某些路由项有可能建立在第二手信息的基础之上，每台路由器都不能实时了解整个网络拓扑，它们只知道与自己直接相连的路由器的网络情况，并根据从邻居那里得到的路由信息更新自己的路由表，进行矢量叠加后转发给其他的邻居，即只知道去往哪个方向，距离有多远。距离矢量路由交换路由表如图 5-12 所示。

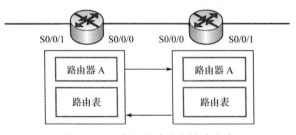

图 5-12　距离矢量路由交换路由表

2）RIP 的路由数据库

每个运行 RIP 的路由器管理一个路由数据库，该路由数据库包含了到所有可达目的地的路由项，这些路由项包含下列信息。

- 目的地址：主机或网络的地址。
- 下一跳地址：为到达目的地，需要经过的相邻路由器的接口 IP 地址。
- 出接口：转发报文通过的出接口。
- 度量值：本路由器到达目的地的开销。
- 路由时间：从路由项最后一次被更新到现在所经过的时间。路由项每次被更新时，路由时间重置为 0。
- 路由标记（Route Tag）：用于标识外部路由，在路由策略中可根据路由标记对路由信息进行灵活的控制。

3）直连路由

距离矢量路由协议初始化过程或路由更新过程中，网络中的路由器首先会生成自己的直连路由。如图 5-13 所示，与路由器 B 直连的网段有两个：2.0.0.0 和 3.0.0.0。在距离矢量路由协议初始化过程中，路由表中就会首先生成直连的路由。

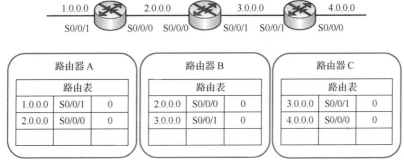

图 5-13　直连路由

路由器会定期把路由表传送给相邻的路由器，让其他路由器知道自己的网络情况。例如，路由器 A 会告诉路由器 B："从我这里通过 S0/0/1 接口能到达 1.0.0.0 网络，Cost 为 0；通过 S0/0/0 能到达 2.0.0.0 网络，Cost 为 0"。路由器 B 原来并不知道到 1.0.0.0 网络如何走，现在就会通过 RIP 协议学习到该路由，并把它添加到路由表中，因为是从 S0/0/0 接口学到的，信息在路由器 A 的基础上跳数加一。路由器 A 被用来作为下一跳的地址，路由器 B 认为从路由器 A 可以到达目的网络，至于路由器 A 从何得来的路由信息，路由器 B 并不关心。2.0.0.0 的路由器 B 原来就有，跳数为 0，路由器 A 传来的路由在跳数加 1 后变为 1，所以不会加入路由表中。3 台路由器相互更新，路由表第一次更新过程如图 5-14 所示。

第一次更新后，路由器 A 知道了 3.0.0.0 网络存在，Cost 为 1。在本部分对 RIP 算法的讲解中，路由权值的计算采用最简单的方法，只根据跳数 Hop，即要到达目的地经过的路由器的个数。同样路由器 B 和路由器 C 也从更新报文中了解到了其他网络的情况。在下一个更新周期，路由信息会继续在各路由器间传输。路由表第二次更新过程如图 5-15 所示。

1.0.0.0 网络的信息在传到路由器 C 上后，路由器 C 认为到达它需要经过两台路由器，路由权值变成 2。经过了这样的更新后，网络中的每台路由器都知道了不与它直接相连的网络的存在，有了关于它们的路由记录，实现了全网连通。所有这些工作都不需要网络管理员手工干预，这正是动态路由协议给我们带来的好处：减少了配置的复杂性。

但我们看到，在经过了若干个更新周期后，路由信息才被传输到每台路由器上，网络才能达到平衡，也就是说，距离矢量算法的收敛速度相对较慢。如果网络直径很长，路由从一端传到另一端所需花费的时间会很长。

图 5-14　路由表第一次更新过程

图 5-15　路由表第二次更新过程

2. OSPF 协议

OSPF（Open Shortest Path First）协议即开放最短路径优先协议。

RIP 协议利用 UDP 协议的 520 号端口进行传输，使用套接口编程实现，而 OSPF 协议直接在 IP 协议上进行传输，效率更高，协议号为 89。在 RIP 协议中，所有的路由都由跳数来描述，到达目的地的路由最大不超过 16 跳，且只保留唯一的一条路由，这就限制了 RIP 协议的服务半径，即其只适用于小型的简单网络。同时，运行 RIP 协议的路由器需要定期（一般为 30s）地将自己的路由表广播到网络当中，达到对网络拓扑的聚合，这样不但聚合速度慢，而且极容易引起广播风暴、累加到无穷、路由环路等致命问题，为此，OSPF 协议应运而生。

OSPF 协议是基于链路状态的路由协议，克服了 RIP 协议的许多缺陷。

- OSPF 协议不再采用跳数的概念，而根据接口的吞吐率、拥塞状况、往返时间、可靠性等实际链路的负载能力确定路由代价，同时选择最短、最佳路由并允许保持到达同一目的地址的多条路由，从而平衡网络负载。
- OSPF 协议支持不同服务类型的不同代价，从而实现不同服务质量的路由服务。

- OSPF 路由器不再交换路由表，而首先同步各路由器对网络状态的认识，即 LSDB，然后通过 Dijkstra 最短路径算法计算出网络中各目的地址的最佳路由。这样 OSPF 路由器不需要定期交换大量数据，只是保持着一种连接，一旦链路状态发生变化，便通过组播方式对变化做出反应。这样不但减轻了不参与系统的负荷，而且达到了对网络拓扑的快速聚合。

OSPF 的工作原理涉及指定路由器、备份指定路由器的选举、协议包的接收/发送、泛洪机制、路由表计算等一系列问题。

1）LSDB（链路状态数据库）和 LSA（链路状态通告）

OSPF 协议由两个互相关联的主要部分组成：呼叫协议和可靠泛洪机制。呼叫协议通过持续发送 Hello 报文检测邻居并维护邻接关系，可靠泛洪机制可以确保统一域中的所有 OSPF 路由器始终具有一致的 LSDB，而该 LSDB 汇总了网络中所有路由器对自己接口的状态描述信息，构成了对整个网络域的拓扑和链路状态的映射。

每台路由器都维护一个 LSDB，LSDB 中每个条目称为 LSA（链路状态通告），描述了路由器的接口状态信息，如接口的开销等。共有 5 种不同类型的 LSA，路由器间交换信息就是交换这些 LSA 信息。各路由器的路由选择基于链路状态，通过 Dijkstra 算法建立最短路径树，用该树跟踪系统中每个目标的最短路径，最后通过计算域间路由、自治系统外部路由确定完整的路由表。与此同时，OSPF 协议动态监视网络状态，一旦发生变化，则迅速扩散 LSA 以达到对网络拓扑的快速聚合，从而生成新的路由表。

5 种 LSA 分别如下。

- Hello 报文，周期性发送该报文，用于维护和发现邻居。
- DD（Database Description）报文，向邻居发送自己的 LSDB 中的项目摘要信息，用于同步 LSDB。
- LSR（Link State Request）报文，链路状态请求报文，向对方发送请求链路状态的详细信息，设备只有在 OSPF 邻居双方成功完成 DD 报文的交换后才会向对方发送 LSR 报文。
- LSU（Link State Update）报文，链路状态更新报文，向对方发送所需要的报文，全网更新链路状态信息。
- LSACK（Link State ACK）报文，链路状态确认报文，对接收到的链路状态信息进行确认。

2）邻居关系和邻接关系

邻居关系和邻接关系是 OSPF 协议计算中非常重要的两种关系。以两台路由器直连的简单拓扑为例，当在双方互联接口上激活 OSPF 协议后，路由器便开始发送及侦听 Hello 报文，在通过 Hello 报文发现彼此后，这两台路由器便形成了邻居关系。

邻居关系的建立只是 OSPF 协议计算的开始，之后会按照算法进行一系列的报文交互，如上述所说的 DD、LSR、LSU 和 LSACK 报文等。只有当两台路由器的 LSDB 同步完成，并且开始独立计算路由时，这两台路由器才算形成了邻接关系。

两台路由器形成邻接关系需要经过如下几个步骤。

（1）建立邻居关系。

当 OSPF 协议开始激活时，每台路由器都会向相邻的路由器发送和侦听 Hello 报文。如果路由器发现接收到的 Hello 报文的邻居列表中有自己的 Router ID，就会认为已经和邻居路由器建立了双向连接，表示邻居关系建立成功。

（2）协商主从关系。

路由器在邻居关系建立之后，通过发送 DD 报文来进行主从路由器的选举。主从路由器的选举主要通过 Router ID 确定。网络管理员可以为每台运行 OSPF 的路由器手动配置一个 Router ID，如果未手动指定，路由器会按照以下规则自动选举 Router ID：如果设备存在多个逻辑接口地址，则路由器使用逻辑接口中最大的 IP 地址作为 Router ID；如果没有配置逻辑接口，则路由器使用物理接口中最大的 IP 地址作为 Router ID。两台路由器通过交互包含 Router ID 的 DD 报文，选择 Router ID 大的路由器为主路由器。

（3）交互 LSDB 信息。

确定主从关系后，两台路由器重新相互发送包含自身 LSDB 摘要信息的 DD 报文，从而确保每台路由器都能收到网络中传输的路由器 LSDB 信息。

（4）同步 LSDB。

双方路由器交互 LSR、LSU 报文，请求和发送各自所需的链路状态的详细信息报文，用 LSACK 报文确认报文信息发送正确与否。当双方路由器均为 Full 状态时，便成功建立了邻接关系。

3）DR 和 BDR

在一个网络拓扑中，并非所有的路由器之间都需要建立邻接关系。如果所有路由器之间均建立了邻接关系，意味着协议计算的开销、拓扑改变时报文泛洪均会给网络带来巨大的计算量和负担。因此，在自治系统（AS）内的每个广播（BMA）网络和非广播多点访问（NBMA）网络里，会设定一个指定路由器（Designated Router，DR）和一个备份指定路由器（Backup Designated Router，BDR），类似班长和副班长的角色，它们通过 Hello 协议选举产生。

DR 的主要功能如下。

①产生代表本网络的网络路由宣告，这个宣告列出了有哪些路由器连到该网络，其中包括 DR 自己。

②DR 同本网络的其他所有的路由器建立一种星形的邻接关系，用来交换各台路由器的链路状态信息，从而同步 LSDB。DR 在路由器的 LSDB 的同步上起到核心作用。

BDR 也和该网络中的其他路由器建立邻接关系，而其他路由器之间停滞在建立邻居关系的状态，并不会建立邻接关系。BDR 的设立是为了保证当 DR 发生故障时尽快接替 DR 的工作，而不至于出现由于需要重新选举 DR 和重新构筑拓扑数据库而产生大范围的数据库振荡的情况。当 DR 存在时，BDR 不生成网络链路广播消息。

在 DR、BDR 的选举后，该网络内其他路由器向 DR、BDR 发送链路状态信息，并经 DR 转发到和 DR 建立邻接关系的其他路由器。当链路状态信息交换完毕时，DR 和其他路由器的邻接关系进入稳定态，区域范围内统一的 LSDB 建立完成。每台路由器以该数据库为基础，采用 SPF 算法计算出各路由器的路由表，这样就可以进行路由转发了。

4）OSPF 路由表的计算与实现

OSPF 路由表的计算是 OSPF 协议的核心，是动态生成路由器内核路由表的基础。在路由表条目中，包括目标地址、目标地址类型、链路代价、链路存活时间、链路类型及下一跳等内容。但这里的 OSPF 路由表不同于路由器中实现路由转发功能时用到的内核路由表，它只是 OSPF 协议本身的内部路由表。因此，完成上述 OSPF 路由表的生成后，往往还需要通过路由增强功能与内核路由表交互，实现多种路由协议的学习。

图 5-16 描述了通过链路状态协议计算路由的过程。由 Router A、Router B、Router C 和 Router D 4 台路由器组成网络，连线旁边的数字表示从一台路由器到另一台路由器发送报文所需要的 Cost。为简化问题，我们假定两台路由器相互之间发送报文所需 Cost 相同。

每台路由器都根据自己周围的网络拓扑结构生成一条 LSA（链路状态通告），并通过相互之间发送协议报文将这条 LSA 发送给网络中其他路由器。这样每台路由器都收到了其他路由器的 LSA，所有的 LSA 放在一起构成 LSDB（链路状态数据库）。显然，4 台路由器的 LSDB 都是相同的，如图 5-17 所示。

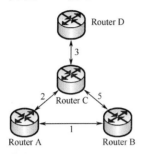

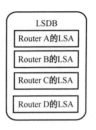

图 5-16　通过链路状态协议计算路由的过程　　　　图 5-17 4 台路由器的 LSDB

一条 LSA 是对一台路由器周围网络拓扑结构的描述，因此 LSDB 是对整个网络的拓扑结构的描述。路由器很容易将 LSDB 转换成一张带权的有向图，这张图便是对整个网络拓扑结构的真实反映。显然，4 台路由器得到的是一张完全相同的带权有向图，如图 5-18 所示。

每台路由器在带权有向图中以自己为根节点，使用相应的算法计算出一棵最小生成树，由这棵树得到到网络中各个节点的路由表。显然，4 台路由器各自得到的路由表是不同的。

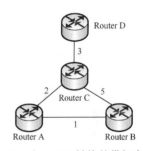

图 5-18　由 LSDB 转换的带权有向图

这样每台路由器都计算出了到其他路由器的路由，如图 5-19 所示。

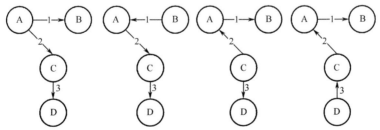

图 5-19　每台路由器都计算出了到其他路由器的路由

链路状态算法的实现需要先得到网络拓扑，再根据网络拓扑计算路由。这种路由的计算方法对路由器的硬件相对要求较高，但计算准确，可以确保网络中没有路由环路存在。由于路由不是在路由器间顺序传输的，因此当网络发生动荡时，路由收敛速度较快，而且路由器不需要定期将路由信息复制到整个网络中，网络流量相对较小。表 5-3 所示为距离矢量算法与链路状态算法的比较。

表 5-3　距离矢量算法与链路状态算法的比较

	距离矢量算法	链路状态算法
是否有环路	有	无
收敛速度	慢	快
对路由器 CPU、RAM 的要求	低	高
网络流量	大	小
典型协议	RIP、BGP	OSPF、IS-IS

5）自治系统的分区

OSPF 协议是一种分层次的路由协议，其层次中最大的实体是 AS（自治系统），即遵循共同路由策略管理的一部分网络实体。在每个 AS 中，将网络划分为不同的区域，每个区域都有自己特定的标识号。骨干（Backbone）区域负责在区域之间分发链路状态信息。这种分层次的网络结构是根据 OSPF 协议的实际需求提出的。当网络中 AS 非常大时，网络拓扑数据库的内容会很多。如果不分层次的话，一方面容易造成数据库溢出，另一方面当网络中某一链路状态发生变化时，会使整个网络中每个节点都重新计算一遍自己的路由表，既浪费资源与时间，又影响路由协议的性能（聚合速度、稳定性、灵活性等）。因此，需要把 AS 划分为多个域，每个域内部维持本域唯一的拓扑结构图，并且各域根据各自的拓扑图计算自己的路由，域边界路由器把各个域的内部路由总结后在域间扩散。这样，当网络中的某条链路状态发生变化时，只需要此链路所在的域的每台路由器重新计算本域路由表，而其他域中的路由器只需要修改其路由表中的相应条目，无须重新计算整个路由表，节省了计算路由表的时间。

OSPF 协议允许在一个 AS 里划分区域，相邻的网络和它们相连的路由器组成一个区域（Area），每个区域用区域号 AreaID 区分，如图 5-20 所示。每一个区域有自己的拓扑数据库，该数据库对于外部区域不可见。每个区域内部路由器的 LSDB 只包含该区域内的链路状态信息，不能详细地知道外部的链接情况。同一区域内的路由器拥有同样的拓扑数据库，和多个区域相连的路由器拥有多个区域的 LSDB。划分区域的方法缩减了 LSDB 的大小、极大减少了路由器间交换状态信息的数量。

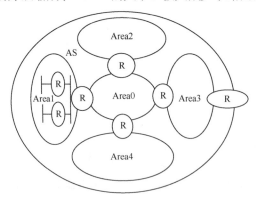

图 5-20　把 AS 分成多个 OSPF 区域

在多于一个区域的 AS 中，OSPF 协议规定必须有一个骨干区域——Area0。骨干区域是 OSPF 区域的中枢区域，与其他区域通过区域边界路由器（ABR）相连。ABR 通过骨干区域进行区域路由信息的交换。为了使一个区域的各台路由器保持相同的 LSDB，要求骨干区域必须是相连的，但是并不要求它们是物理连接的。在实际环境中，如果它们在物理上是断开的，这时可以通过建立虚链路（Virtual Link）的方法保证骨干区域的连续性。虚链路将属于骨干区域且到一个非骨干区域都有接口的两个 ABR 连接起来，虚链路本身属于骨干区域。OSPF 协议将通过虚链路连接的两台路由器看作通过未编号的点对点链路（Unnumbered Point-to-Point）连接。

6）区域间路由

当两个非骨干区域间路由 IP 包时，必须通过骨干区域。IP 包经过的路径分为 3 个部分：源区域内路径（从源端到 ABR 的路径）、骨干路径（源区域和目的区域间的骨干区域路径）、目的区域内路径（从目的区域的 ABR 到目的路由器的路径）。从另一个观点来看，一个 AS 像一个以骨干区域为集成器，各个非骨干区域连到集成器上的星形结构图。各台 ABR 在骨干区域上进行路由信息的交换，发布本区域的路由信息，同时收到其他 ABR 发布的信息，传到本区域进行链路状态的更新以形成最新的路由表。

7）Stub 区域和 AS 外路由

在一个 OSPFAS 中有这样一种特殊的区域——Stub 区域（存根区域），该区域只有一个外部出口，不允许外部非 OSPF 的路由信息进入。到 AS 外的包只能依靠默认路由。Stub 区域的 ABR 必须在路由概要里向区域宣告这个默认路由，但是不能超过这个 Stub 区域。默认路由的使用可以减小 LSDB 的大小。对于 AS 的外部路由信息，如 BGP 产生的路由信息，可以通过 AS 的区域边界路由器（ASBR）透明地扩散到整个自治系统的各个区域中，使得 AS 内部每一台路由器都能够获得外部的路由信息。但是该信息不能扩散到 Stub 区域，因此 AS 内的路由器可以通过 ASBR 路由包到 AS 外的目的地。

OPSF 协议是一种重要的内部网关协议，它的普遍应用极大地增强了网络的可扩展性和稳定性，同时反映出动态路由协议的强大功能。但是，在有关 OSPF 协议的研究、实现中尚存在一些问题，如数据库的溢出、度量的刻画，以及 MTU 协商等。同时，在 IPv6 中，OSPFv3 基于链路的处理机制、IP 地址的变化、泛洪范围的增加、包格式、LSA 的变化及邻居的识别等技术都将是我们共同探讨的课题。

技能训练

实训 5-1：使用 eNSP 配置静态路由

微课：使用 eNSP 配置静态路由

1. 实训目的

（1）能根据组网需求在 eNSP 中完成网络拓扑图的绘制。

（2）能使用 ip address 命令正确配置路由器每个接口的 IP 地址。

（3）能熟练配置主机 IP 地址和网关地址。

（4）能根据组网需求快速判断每台路由器的目标地址和下一跳地址。

（5）能使用 ip route-static 命令正确配置静态路由。

（6）能测试静态路由是否连通并调试错误。

2. 实训内容

组网需求：如图 5-21 所示，要求配置静态路由，使任意两台主机或路由器之间都能互通。

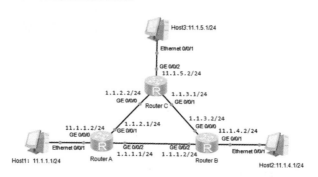

图 5-21　路由器的基础配置及静态路由配置

配置要点如下。

```
<Huawei>system                          进入用户视图
[Huawei]sysname                         交换机更改名称
[huawei]interface ethernet 0/1          进入接口视图
[huawei-ethernet 0/1] ip address        修改0/1接口的IP地址
```

静态路由配置命令如下。

```
[Router]ip route-static dest-address { mask | mask-length } {gateway-
address | interface-type interface-name } [ preference preference-value ]
```

只有下一跳所属的接口是点对点接口时，才可以填写 interface-type interface-name，否则必须填写 gateway-address。

目的 IP 地址和掩码子网都为 0.0.0.0 的路由为默认路由。

3. 实训步骤

（1）双击"Host1"，弹出配置对话框，按配置需求配置 Host1 的 IP 地址、子网掩码及网关，如图 5-22 所示。

图 5-22　Host1 的 IP 地址、子网掩码及网关配置

Host2 及 Host3 的配置同上，此处方法略。

（2）配置路由器 Router A 名字及 IP 地址。

```
<Huawei>sys
[Huawei]sysname RouterA
```

```
[RouterA]int GigabitEthernet 0/0/0
[RouterA-GigabitEthernet0/0/0]ip address 11.1.1.2 24
[RouterA]int GigabitEthernet 0/0/1
[RouterA-GigabitEthernet0/0/1]ip address 1.1.2.1 24
[RouterA]int GigabitEthernet 0/0/2
[RouterA-GigabitEthernet0/0/2]ip address 1.1.1.1 24
```

以上代码配置了 RouterA GigabitEthernet 0/0/0 接口的 IP 地址，使用同样的方法分别配置每台路由器对应接口的 IP 地址即可。

配置路由器 Router B 名字及 IP 地址。

```
<Huawei>sys
[Huawei]sysname RouterB
[RouterB]int GigabitEthernet 0/0/1
[RouterB-GigabitEthernet0/0/1]ip address 11.1.4.2 24
[RouterB-GigabitEthernet0/0/1]quit
[RouterB]int GigabitEthernet 0/0/0
[RouterB-GigabitEthernet0/0/0]ip address 1.1.3.2 24
[RouterB]int GigabitEthernet 0/0/2
[RouterB-GigabitEthernet0/0/2]ip address 1.1.1.2 24
```

配置路由器 Router C 名字及 IP 地址。

```
<Huawei>sys
[Huawei]sysname RouterC
[RouterC]int GigabitEthernet 0/0/0
[RouterC-GigabitEthernet0/0/0]ip address 1.1.2.2 24
[RouterC-GigabitEthernet0/0/0]quit
[RouterC]int GigabitEthernet 0/0/1
[RouterC-GigabitEthernet0/0/1]ip address 1.1.3.1 24
[RouterC-GigabitEthernet0/0/1]quit
[RouterC]int GigabitEthernet 0/0/2
[RouterC-GigabitEthernet0/0/2]ip address 11.1.5.2 24
[RouterC-GigabitEthernet0/0/0]quit
```

配置路由器 Router A 静态路由。

```
[Router A] ip route-static 11.1.4.0 255.255.255.0 1.1.1.2
[Router A] ip route-static 11.1.5.0 255.255.255.0 1.1.2.2
```

这里的 255.255.255.0 可以用 24 替换，两者都是表示 24 位网络地址掩码的方式，效果相同。

或者只配置默认路由。

```
[Router A] ip route-static 0.0.0.0 0.0.0.0 1.1.2.2
```

配置路由器 Router B 静态路由。

```
[Router B] ip route-static 11.1.1.0 255.255.255.0 1.1.1.1
[Router B] ip route-static 11.1.5.0 255.255.255.0 1.1.3.1
```

或者只配置默认路由。

```
[Router B] ip route-static 0.0.0.0 0.0.0.0 1.1.3.1
```

配置路由器 Router C 静态路由。

```
[Router C] ip route-static 11.1.1.0 255.255.255.0 1.1.2.1
[Router C] ip route-static 11.1.4.0 255.255.255.0 1.1.3.2
```

使用 Host1 命令行，可以分别 ping 通 Host2 与 Host3，至此，图 5-21 中所有主机与路由器之间都能两两互通。

实训 5-2：使用 eNSP 配置 OSPF 动态路由

微课：使用 eNSP 配置 OSPF 动态路由

1. 实训目的

（1）能正确配置 OSPF 动态路由。

（2）能测试动态路由是否连通并调试错误。

2. 实训内容

（1）组网需求。

本实训的组网需求与实训 5-1 相同，但要求所有的路由器都运行 OSPF 协议实现网络联通，配置完成后，每台路由器都应通过 OSPF 协议学到所有网段的路由。

（2）组网图。

单区域 OSPF 协议组网如图 5-23 所示。

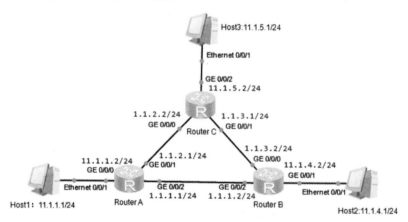

图 5-23　单区域 OSPF 协议组网

（3）OSPF 基本配置命令。

配置 Router ID。

```
[Router]router id ip-address
[Router]ospf [ process-id ]
```

重启 OSPF 进程。

```
<Router>reset ospf [ process-id ]
```

配置 OSPF 区域，默认骨干区域为 0。

```
[Router-ospf-100]area area-id
```

在指定的接口上启动 OSPF，network-address 表示接口所在网段 IP 地址，wildcard-mask 表示当前接口所在 IP 地址的反掩码（掩码中二进制数对应的 1 变为 0，0 变为 1）

```
[Router-ospf-1-area-0.0.0.0] network network-address wildcard-mask
```

配置 OSPF 接口优先级。

```
[Router-Ethernet0/0] ospf dr-priority priority
```

配置 OSPF 接口 Cost。

```
[Router-Ethernet0/0] ospf cost value
```

3. 实训步骤

（1）按照实训 5-1 配置各接口的 IP 地址。

配置路由器 Router A 名字及 IP 地址。

```
<Huawei>sys
[Huawei]sysname RouterA
[RouterA]int GigabitEthernet 0/0/0
[RouterA-GigabitEthernet0/0/0]ip address 11.1.1.2 24
[RouterA]int GigabitEthernet 0/0/1
[RouterA-GigabitEthernet0/0/1]ip address 1.1.2.1 24
[RouterA]int GigabitEthernet 0/0/2
[RouterA-GigabitEthernet0/0/2]ip address 1.1.1.1 24
```

使用 display ip interface brief 命令可以查看当前路由器的所有接口 IP 地址。

```
Interface                      IP Address/Mask        Physical
Protocol
GigabitEthernet 0/0/0             11.1.1.2/24             up
up
GigabitEthernet 0/0/1             11.1.2.1/24             up
up
GigabitEthernet 0/0/2             1.1.1.1/24              up
up
NULL0                          unassigned        up          up(s)
... ...
```

以上代码配置了 Router A 各接口的 IP 地址，使用同样的方法分别配置每台路由器对应接口的 IP 地址即可。

配置路由器 Router B 名字及 IP 地址。

```
<Huawei>sys
[Huawei]sysname RouterB
[RouterB]int GigabitEthernet 0/0/0
[RouterB-GigabitEthernet0/0/0]ip address 1.1.3.2 24
[RouterB-GigabitEthernet0/0/0]quit
[RouterB]int GigabitEthernet 0/0/1
[RouterB-GigabitEthernet0/0/1]ip address 11.1.4.2 24
[RouterB-GigabitEthernet0/0/1]quit
[RouterB]int GigabitEthernet 0/0/2
[RouterB-GigabitEthernet0/0/2]ip address 1.1.1.2 24
```

配置路由器 Router C 名字及 IP 地址。

```
<Huawei>sys
[Huawei]sysname RouterC
[RouterC]int GigabitEthernet 0/0/0
[RouterC-GigabitEthernet0/0/0]ip address 1.1.2.2 24
[RouterC-GigabitEthernet0/0/0]quit
[RouterC]int GigabitEthernet 0/0/1
[RouterC-GigabitEthernet0/0/1]ip address 1.1.3.1 24
[RouterC-GigabitEthernet0/0/1]quit
```

```
[RouterC]int GigabitEthernet 0/0/2
[RouterC-GigabitEthernet0/0/2]ip address 11.1.5.2 24
[RouterC-GigabitEthernet0/0/0]quit
```

（2）配置 OSPF 基本功能。

配置 Router A。

```
[RouterA] ospf 1 router-id 11.1.1.2
[RouterA-ospf-1] area 0
[RouterA-ospf-1-area-0.0.0.0] network 1.1.1.0 0.0.0.255
[RouterA-ospf-1-area-0.0.0.0] network 1.1.2.0 0.0.0.255
[RouterA-ospf-1-area-0.0.0.0] network 11.1.1.0 0.0.0.255
[RouterA-ospf-1-area-0.0.0.0] quit
[RouterA-ospf-1] quit
```

配置 Router B。

```
[RouterB] ospf 1 router-id 11.1.4.2
[RouterB-ospf-1] area 0
[RouterB-ospf-1-area-0.0.0.0] network 1.1.1.0 0.0.0.255
[RouterB-ospf-1-area-0.0.0.0] network 1.1.3.0 0.0.0.255
[RouterB-ospf-1-area-0.0.0.0] network 11.1.4.0 0.0.0.255
[RouterB-ospf-1-area-0.0.0.0] quit
[RouterB-ospf-1] quit
```

配置 Router C。

```
[RouterC] ospf 1 router-id 11.1.5.2
[RouterC-ospf-1] area 1
[RouterC-ospf-1-area-0.0.0.0] network 1.1.2.0 0.0.0.255
[RouterC-ospf-1-area-0.0.0.0] network 1.1.3.0 0.0.0.255
[RouterC-ospf-1-area-0.0.0.0] network 11.1.5.0 0.0.0.255
[RouterC-ospf-1-area-0.0.0.0] quit
[RouterC-ospf-1] quit
```

主机 Host1 上配置默认网关为 11.1.1.2，主机 Host2 上配置默认网关为 11.1.4.2，主机 Host3 上配置默认网关为 11.1.5.2，配置方法同实训 5-1，此处略。

使用 Host1 命令行，可以分别 ping 通 Host2 与 Host3，至此，图 5-23 中所有主机与路由器之间都能两两互通。

知识小结

本章是网络基础中的核心章节之一，首先介绍了网络互联的概念、网络互联的层次和类型，并对不同网络互联层次中对应的网络设备进行了解释，特别是常用设备交换机和路由器；然后介绍了构建规模网络的路由的概念、路由连接的 3 种方式、静态路由原理、动态路由 RIP 及 OSPF 协议的工作原理。通过本章的学习和实训，读者应能够充分理解路由的原理，并熟练配置静态路由和单区域动态路由。

理论练习

1. 选择题

（1）路由器是一种用于网络互联的计算机设备，但作为路由器，并不具备的是（　　）。

    A．路由功能　　　　　　　　　　　　B．多层交换功能

    C．支持两种以上的子网协议　　　　　D．存储、转发、寻径功能

（2）路由器的主要功能不包括（　　）。

    A．速率适配　　　　　　　　　　　　B．子网协议转换

    C．七层协议转换　　　　　　　　　　D．报文分片与重组

（3）路由器中时刻维持着一张路由表，这张路由表可以是静态配置的，也可以是（　　）产生的。

    A．生成树协议　　　　　　　　　　　B．链路控制协议

    C．动态路由协议　　　　　　　　　　D．被承载网络层协议

（4）路由算法使用了许多不同的权决定最佳路由，通常采用的权不包括（　　）。

    A．带宽　　　　　　　　　　　　　　B．可靠性

    C．物理距离　　　　　　　　　　　　D．开销

（5）路由器作为网络互联设备，必须具备的特点是（　　）。

    A．支持路由协议　　　　　　　　　　B．至少要有一个备份口

    C．至少支持两个网络接口　　　　　　D．协议至少要实现到网络层

    E．具有存储、转发和寻径功能　　　　F．至少支持两种以上的子网协议

（6）网络层路由器的基本功能是（　　）。

    A．配置 IP 地址　　　　　　　　　　B．寻找路由和转发报文

    C．将 MAC 地址解释成 IP 地址

（7）下面对路由器的描述正确的是（　　）（交换机指二层交换机）。

    A．相对于交换机和网桥来说，路由器具有更加复杂的功能

    B．相对于交换机和网桥来说，路由器具有更小的时延

    C．相对于交换机和网桥来说，路由器可以提供更大的带宽和更快的数据转发速度

    D．路由器可以实现不同子网之间的通信，交换机和网桥却不能

    E．路由器可以实现 VLAN 之间的通信，交换机和网桥却不能

    F．路由器具有路径选择和数据转发功能

（8）路由器的作用表现在（　　）。

    A．数据转发　　　　　　　　　　　　B．路由寻径

    C．备份、流量控制　　　　　　　　　D．速率适配

    E．隔离网络　　　　　　　　　　　　F．异种网络互联

（9）以下内容不是路由信息中所包含的是（　　）。

    A．源地址　　　　　　　　　　　　　B．下一跳

C．目标网络　　　　　　　　　　D．路由权值

（10）静态路由的优点包括（　　）。

　　A．管理简单　　　　　　　　　　B．自动更新路由

　　C．网络安全性高　　　　　　　　D．节省带宽

　　E．收敛速度快

（11）以下路由表项要由网络管理员手动配置的是（　　）。

　　A．静态路由　　　　　　　　　　B．直连路由

　　C．默认路由　　　　　　　　　　D．以上都不用

（12）在一个运行 OSPF 协议的 AS 之内，（　　）。

　　A．骨干区域自身必须连通

　　B．非骨干区域自身必须连通

　　C．必须存在一个骨干区域号为 0

　　D．非骨干区域与骨干区域必须直接相连或逻辑上相连

（13）RIP 在选择最佳路径的时候参照（　　）。

　　A．到目的网络所经过路由器的个数　　B．所花费的时间

　　C．经过链路的带宽　　　　　　　　　　D．路由器的档次

（14）距离矢量路由器获知非直连网络的路径是（　　）。

　　A．从源路由器获知　　　　　　　　　　B．从邻居路由器获知

　　C．从目的路由器获知　　　　　　　　　D．仅能获知有关直连网络的信息

2．简答题

（1）请讲述静态路由的配置方法和过程。

（2）请讲述 OSPF 协议的基本工作过程。

（3）距离矢量协议和链路状态协议有什么区别？

3．配置题

按照图 5-24 给出的拓扑图完成配置，根据拓扑图合理布局网段 IP 地址。

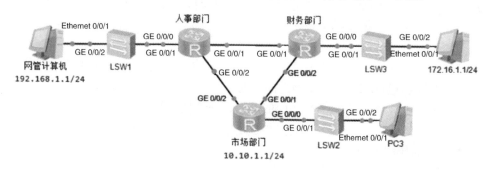

图 5-24　拓扑图

配置要求如下。

（1）根据拓扑图合理布局网段 IP 地址。

（2）完成每台路由器的接口配置和 PC 的 IP 地址、子网掩码、网关的配置。

（3）在全网运行动态路由协议 OSPF 实现全网互联互通。

>>>>>>

第6章

广域网技术

学习导入

我们已经介绍了局域网网络连接的方式、网络互联使用的设备及相关协议原理，现实中需要将各种终端或局域网、城域网连接到更大规模范围的网络中，这就是与我们的网络生活密切相关的一种网络——广域网，本章我们将学习广域网的基础知识。

思维导图

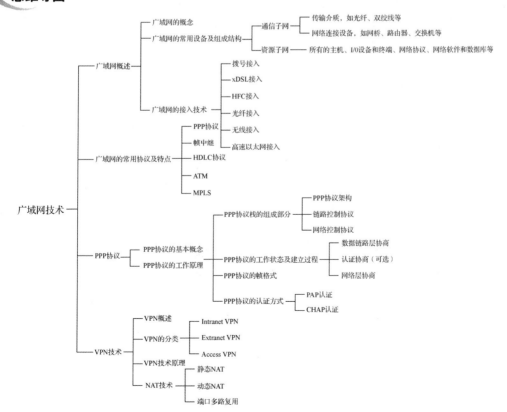

- 理解广域网的概念。
- 掌握广域网的常用协议及特点。
- 掌握广域网的常用接入方式。
- 掌握 PPP 协议的原理。
- 理解 VPN 的概念及原理。
- 掌握 NAT 技术的原理。

相关知识

6.1 广域网概述

6.1.1 广域网的概念

广域网（Wide Area Network，WAN）也称远程网，是跨越更大区域和范围将各种计算机设备与通信系统互联，达到资源共享目的的通信网络。

广域网具备如下特点。

- 距离长：跨越范围广，可达数百至数千千米，涉及多个城市、国家，甚至全球。
- 速率低：相对局域网，受传输距离、介质和设备成本限制，传输速率相对较低。
- 成本高：由于范围广，架设成本高昂。
- 维护难：管理维护难度高。

广域网解决了如何通过专用连接将分散于不同地区的分支部门互联互通的问题，可以说广域网是 Internet 的核心，由于运送数据距离远、规模大，广域网对于网络通信的传输速率、稳定与安全性能等均具有较高要求，因此通常使用 ISP（Internet Service Provider，因特网服务提供商）提供的专用设备传输数据。

例如，某大型企业总部设置于深圳，在全国多地设有分公司，各机构与总部之间需要通信并共享数据，这种大型机构对于网络通信的需求是局域网构建所不能满足的，那么想要通信，只有两种方式：一是通过 Internet；二是通过广域网。Internet 默认为不可信域，如果通过Internet 进行通信，就会存在商业机密数据的安全风险隐患，因此对于私密性要求高的机构和企业，不会选择使用 Internet 来传输数据，只能使用广域网提供的企业专用线路来传输数据，从而保证数据安全。当然专线服务是由运营商提供的，企业只需要承担付费租用的必要的成本即可。

广域网如图 6-1 所示，企业总部、分部的局域网与广域网互联，远程用户也可以通过拨号上网的方式连接到广域网中。

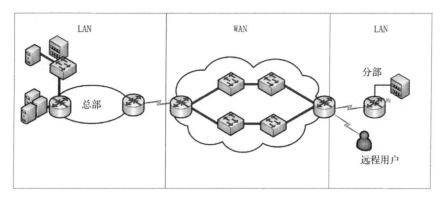

图 6-1　广域网

6.1.2　广域网的常用设备及组成结构

按照网络中各部分实现功能的不同，广域网由通信子网与资源子网构成：通信子网在计算机网络中负责数据通信与传递，主要任务是为网络用户提供数据传输、转接、加工和转换等通信处理工作；资源子网面向用户，负责在网络中进行数据处理工作。

通信子网主要包括通信链路（传输介质，如光纤、双绞线、同轴电缆、微波、卫星、红外线、激光等）、网络连接设备（如网络接口设备、通信控制处理机、网桥、路由器、交换机、网关、Modem 和卫星地面接收站等）、网络通信协议和通信控制软件等。

资源子网主要包括网络中所有的主机、I/O 设备和终端、各种网络协议、网络软件和数据库等。

6.1.3　广域网的接入技术

目前广域网普遍使用公共通信网络作为其通信子网，接入技术可以分为有线接入技术和无线接入技术。有线接入技术包含基于双绞线的 xDSL 技术、基于 HFC 网（混合光纤同轴电缆网）的 Cable Modem（电缆调制解调器）技术、基于 5 类线的以太网接入技术、光纤接入技术。

1）拨号接入

PSTN（Public Switched Telephone Network）即公共交换电话网络，是一种全球语音通信电路交换网络，近 10 亿个用户通过普通电话线"拨号接入"上网，最高速率为 56kbit/s，实际速率为 20～50kbit/s。虽然其传输速率远远不能满足大容量信息传输需求，但其费用低，接入方式灵活简便，只需要在通信双方原有电话线上接上 Modem（调制解调器）即可使用，由 Internet 服务提供商向用户收费。典型应用是远程端点与本地局域网之间的连接、远程用户拨号上网。

2）xDSL 接入

DSL（Digital Subscriber Line，数字用户线路）通过 Modem 以普通电话线为传输介质实现数据传输，能在铜线缆上传输数据和语音信号。xDSL 中的 x 代表各种 DSL 技术，常见类型包含 ADSL、VDSL、HDSL、RADSL 等。使用 xDSL 接入方式能够充分利用现有铺设的传统电话线路网络，能够大大降低数字用户网络架设成本，因此 xDSL 广域网接入在现实生活中得到了普遍应用。

HDSL（High-rate Digital Subscriber Loop）即对称数字用户线路，这种宽带接入方式的对称表示用户线的上、下行速率相同，优点是利用双向对称，速率较高，便于利用现有电缆实现扩容；缺点是需要至少两对电缆，成本较高，因此多用于企事业单位中，如视频会议线路、局域网互联、PBX 程控交换机互联等。

ADSL（Asymmetric Digital Subscriber Line）即非对称数字用户线路，这种宽带接入方式的非对称表示用户线的上行速率和下行速率不同，上行速率为 640kbit/s～1Mbit/s，下行速率网 1Mbit/s~8Mbit/s，有效传输距离为 3～5km。ADSL 的优点在于能够在现有任意双绞线上传输，误码率低，节约投资成本，缺点是带宽速率相对较低。ADSL 的接入无须拨号，是早年间迈向宽带发展进程中的一个过渡技术。

RADSL（Rate Adaptive Digital Subscriber Line）即自适应速率的数字用户线路，该技术能够根据传输介质的速率和传输距离动态调整上下行速率，当距离增大时，速率自适应降低，较好地克服了传输距离与传输质量的限制。

VDSL（Very-high-bit-rate Digital Subscriber Loop）即甚/超高速数字用户线路，这种宽带接入方式是一种以 ADSL 为基础升级的传输技术，其短距离内的最大下载速率可达 55Mbit/s，上传速率可达 2.3Mbit/s，平均传输速率可比 ADSL 高出 5～10 倍，因此能够满足更多的业务需求，如视频业务、数据业务等，架设成本也低于 ADSL，缺点是传输距离有限，通常为 300～1000m。这种接入方式适用于住宅小区、商业办公、企事业等多种场合，因此被认为是全业务网络的接入机制。

3）HFC 接入

HFC（Hybrid Fiber Coax）即混合光纤同轴电缆，HFC 网是采用混合光纤同轴传输介质来进行宽带数据通信的有线电视传输网络，将光缆铺设到小区后通过光电转换利用有线电视的同轴电缆连接用户，使用户实现宽带接入。在用户端主要的设备就是电缆调制解调器（Cable Modem），上行速率能达到 10Mbit/s 以上，下行速率更高。

4）光纤接入

光纤通信利用光纤传播光波信号进行数据传输，相对于电信号，传输速率高，容量大，损耗小，抗干扰能力强。目前许多宽带智能小区就采用光纤通信技术完成接入，这是非常成熟的本地宽带接入方式，常用方式有 FTTx+LAN。光纤接入入户分为如下方式。

FTTZ（Fiber To The Zone），光纤到小区。

FTTB（Fiber To The Building），光纤到楼。

FTTF（Fiber To The Floor），光纤到楼层。

FTTH（Fiber To The Home），光纤到户。

在如图 6-2 所示的实例中，可以在每栋楼的楼口安装一个百兆以太网交换机，在每一个楼层安装一个十兆或百兆的以太网交换机，各楼层交换机通过光纤汇接到光节点汇接点，若干个光节点汇接点通过吉比特以太网汇接到一个高速汇接点（GigaPoP），最后通过城域网连接到 Internet 的主干网。

5）无线接入

无线接入采用无线设备传输数据，常用无线接入技术有微波接入、卫星通信、自由空间激光通信 3 种方式。

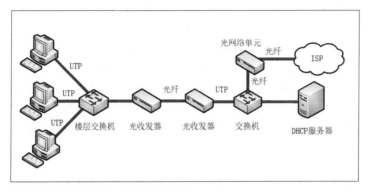

图 6-2　FTTx+LAN 网络拓扑结构图

微波接入系统由基站系统和远端站系统两个部分构成，基站系统由运营商构建，远端站系统则是需要使用微波接入服务的用户。微波接入的传输距离远、施工周期短、便于扩容、稳定可靠，是光纤传输的有效补充方式。

卫星通信可在全球范围内远距离通信，通信卫星相当于空中微波中继器，能够提供全球化的 Internet 服务。

自由空间激光通信（Free Space Optics，FSO）技术以激光为传输介质，起源于无线设备生产商为宽带服务运营商开发的一种在不易进行光纤布线的地段代替光纤设备的网络连接方案，高带宽、部署便捷、费用成本低。目前很多方案将 FSO 网络与光纤网络、微波网络和高频段无线网络结合起来使用，FSO 技术是电信等级的传输方式。

6）高速以太网接入

随着以太网技术高速发展，从根据传输介质 100BASE-T 构建的星形快速以太网，到现有网络的主干网——吉比特以太网（千兆以太网），再到目前新兴的十吉比特以太网（万兆以太网）的研究与部署，以太网的工作范围已经从局域网扩大到城域网和广域网，从而实现了端到端的以太网传输。高速以太网具备如下特点。

- 以太网技术成熟，具备充分的网络基础和架设经验。
- 以太网兼容性优秀，不同厂商生产的以太网都能与软件应用等可靠兼容。
- 成本合理、性能良好、扩展性强、可靠性高。

当前多数商业公寓和住宅在设计期间均进行了综合布线，布放了 5 类 UTP（非屏蔽双绞线），将以太网插口部署到用户即插即用的位置，用户接入方便，可以提供双向的宽带通信，并且可以根据用户对带宽的需求灵活地进行带宽的升级，高速以太网接入当前已成为主要的宽带接入方式。

6.2　广域网的常用协议及特点

广域网的协议通常是指运行在数据链路层的控制协议，如点到点协议（PPP）、高级数据链路控制协议（HDLC）、帧中继协议等。在 ISP 内部常用的广域网协议主要是 ATM（Asynchronous Transfer Mode，异步传输模式），用于实现骨干网高速转发的功能。

1．PPP 协议

PPP（Point- to- Point Protocol）协议是目前 Internet 中使用最广泛的点到点数据链路层协议，该协议由 IETF 制定，提供一种在点到点链路上传输数据报文的方法，支持全双工链路、同步/异步链路数据传输，如通过 ATM、帧中继、ISDN 和光纤线路进行传输。

PPP 协议支持差错检测、检测连接状态等机制，在安全认证方面提供支持 PAP 协议（Password Authentication Protocol，口令验证协议）和安全性更高的 CHAP 协议（Challenge Handshake Authentication Protocol，挑战握手认证协议）的功能。

2．帧中继

帧中继是在 X.25 协议的基础上发展起来的数据链路层数据传输技术，以帧为单位在网络上传输。帧中继技术是在数字线路与光纤逐步取代原有模拟线路、通信线路数字化、用户终端智能化的背景下发展而来的。

帧中继仅完成 OSI 物理层和数据链路层核心层的功能，将流量控制、纠错等交由智能终端设备处理；同时，帧中继采用虚电路技术，能对每条虚电路上传输的用户数据进行管理和控制，因此能够充分利用带宽资源。帧中继具有吞吐量高、时延小、适合突发性业务等特点。

帧中继主要用于局域网之间的互联，其提供的虚拟专网服务能提供较高的安全性和服务质量。帧中继在数据链路层 VPN 技术中占主导地位。

3．HDLC 协议

HDLC（High level Data Link Control）协议即高级数据链路控制规程协议，是一种应用广泛的面向比特的链路控制协议，是一种同步协议，由 ISO 制定，也是思科路由器上默认的广域网接口封装协议。HDLC 协议用帧的形式传输数据，具有如下特点。

- 该协议不依赖于任何一种字符编码集。
- 数据报文能够透明传输，"0 比特插入法"是其重要的透明传输技术，易于在硬件中实现。
- 全双工通信，不必等待确认就可以连续发送数据，传输效率较高。

3．ATM

ATM（Asynchronous Transfer Mode）即异步传输模式，在这种传输模式中，网络传输的所有信息都以信元（Cell Model）方式传输，而不是基于帧的传输方式，该技术能够通过私有和公共网络传输语音、视频等各种类型的数据。ATM 信元的长度固定，为 53 个字节，其中信元首部为 5 个字节，有效载荷为 48 个字节。ATM 是一种特殊的分组传输技术，能够提供服务质量保障，支持固定速率业务及可变速率业务等多种业务，可适用于局域网和广域网。

4．MPLS

MPLS（Multi-protocol Label Switching）即多协议标签交换，是为了提升传统路由器的转发速度而提出的技术，与传统路由方式相比，在转发数据时，只在网络边缘解析 IP 报文首部，而不用在每一跳都解析 IP 报文首部，因此提升了传输效率。随着路由器性能的提升，路由器的查找速度效提升，MPLS 的转发速度优势逐渐下降，但其支持多层标签的特性，因此在 VPN（虚拟专用网）、QoS（服务质量）等方面得到了广泛应用。

6.3 PPP 协议

6.3.1 PPP 协议的基本概念

PPP（Point- to- Point Protocol）协议即点到点协议，是目前广域网上应用最广泛的协议之一，用户使用家用宽带登录 Internet 时，就是利用电话线拨号直接点到点接入 ISP 的，在这个过程中起到支撑作用的协议就是 PPP 协议，PPP 协议在网络拓扑接入中的位置如图 6-3 所示。PPP 协议提供对用户的合法性进行认证、对用户的操作进行计费、为用户分配 IP 地址等功能。此外，PPP 协议在路由器之间的专用线上也得到了广泛应用。

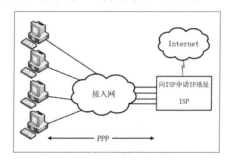

图 6-3 PPP 协议在网络拓扑接入中的位置

PPP 协议是数据链路层协议，将传输的数据封装成数据帧，支持多种网络层协议、多种类型的介质链路，点到点建立连接，因此一个 PPP 网络只能包含两个 PPP 接口。PPP 协议并不只是一个协议，而是一个协议族，它提供了一系列协议，共同构建了解决 PPP 链路的建立、维护、协商和认证等关键问题的体系。

6.3.2 PPP 协议的工作原理

1. PPP 协议栈的组成部分

PPP 协议栈主要包含 3 个部分：PPP 协议架构（多个不同的协议组成）、链路控制协议（Link Control Protocol，LCP）、网络控制协议（Network Control Protocol，NCP）。

（1）LCP 主要负责 PPP 数据链路的建立、维护或终止。LCP 能够自动检测链路的状态是否正常，判断链路中是否存在环路等；同时协商链路中的各种参数，如能够传输的最大数据包的长度，使用哪种认证协议实施认证过程等。与其他数据链路层协议相比，PPP 协议的一个重要特点就是能够提供认证功能，可以对接入 PPP 链路的用户进行身份认证，用户只有在认证成功之后，LCP 链路才相当于正式建立了连接。

（2）NCP 用于协商 PPP 链路上运行的各种网络协议、传输的数据包的格式与类型，以及网络层协议参数的配置。NCP 是一组网络层控制协议，每个 NCP 对应一种网络层协议，用于协商网络层地址等参数，如 IPCP 用于协商控制 IP 协议、IPXCP 用于协商控制 IPX 协议等。

PPP 协议的组成结构如图 6-4 所示，思科公司的设备在使用 PPP 协议时在点到点的串行链路上封装数据包，并将 HDLC 协议作为封装数据包的基础协议。

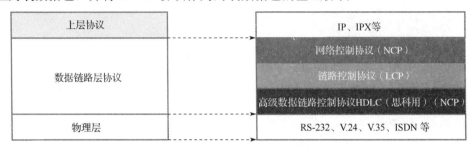

上层协议		IP、IPX等
数据链路层协议		网络控制协议（NCP）
		链路控制协议（LCP）
		高级数据链路控制协议HDLC（思科用）（NCP）
物理层		RS-232、V.24、V.35、ISDN 等

图 6-4　PPP 协议的组成结构

2. PPP 协议的工作状态及建立过程

PPP 链路的建立会经过 3 个阶段的协商过程：数据链路层协商、认证协商（可选）和网络层协商。

（1）数据链路层协商：通过 LCP 报文进行链路参数协商，建立数据链路层连接，该层连接成功后才能进行网络层协商。

（2）认证协商（可选）：如需认证，则通过选择对应的认证方式进行链路认证实施，认证完成，则数据链路层建立完毕。

（3）网络层协商：通过 NCP 协商合适的网络层协议并进行相关参数协商。

当用户通过拨号接入 ISP 时，Modem 首先对拨号进行确认并建立一条物理连接；然后客户端 PC 向路由器发送一系列的 LCP 报文，封装成多个 PPP 帧；随后进行网络层配置，由 NCP 给新接入的 PC 分配一个临时 IP 地址，这样该 PC 就连接上了 Internet；当 PC 完成通信时，NCP 将释放网络层的连接，收回分配的 IP 地址，LCP 释放数据链路层的连接；最后结束物理层的连接。

PPP 链路的建立过程如图 6-5 所示。

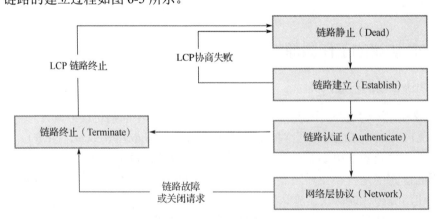

图 6-5　PPP 链路的建立过程

在链路静止（Dead）阶段，物理层不可用，当通信双方的两端检测到物理链路被激活时，就会从链路静止阶段转为链路建立阶段。

在链路建立（Establish）阶段，PPP 链路将进行 LCP 参数的协商，协商成功后会进入链路打开（Opened）状态，表示数据链路层已经成功建立。

在多数情况下，链路两端的设备需要经过链路认证（Authenticate）阶段后才能够进入网络层协议阶段。PPP 链路在缺省情况下是不要求进行认证的，如果要求认证，则在 LCP 链路建立阶段就需指定使用的认证协议。

在网络层协议（Network）阶段，PPP 链路将进行 NCP 协商。通过 NCP 协商来选择和配置相应的网络层协议并进行参数协商，当 NCP 协商成功后，PPP 链路将保持通信状态，网络层协议可以通过这条 PPP 链路发送报文。

在 PPP 协议运行过程中，可以随时中断连接，如物理链路断开、认证失败、超时（定时器时间）、管理员通过配置关闭连接等动作都可能导致链路进入链路终止（Terminate）阶段。在链路终止阶段，如果所有的资源都被释放，则通信双方将回到链路静止（Dead）阶段，直到通信双方重新建立 PPP 连接。

3. PPP 协议的帧格式

PPP 协议的帧格式如图 6-6 所示。

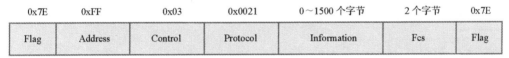

0x7E	0xFF	0x03	0x0021	0～1500 个字节	2 个字节	0x7E
Flag	Address	Control	Protocol	Information	Fcs	Flag

图 6-6　PPP 协议的帧格式

标志字段 Flag，取固定值 0x7E，符号 0x 表示之后的字符用十六进制数表示，十六进制数 7E 的二进制数表示为 01111110，每个帧均用标准的 HDLC 标志字节 01111110 作为一个物理帧的开始和结束标志。

地址字段 Address，取固定值 0xFF，该地址为广播地址，FF 为全 1。

控制字段 Control，通常设置为 0x03，表示这是一个无序号帧。

协议字段 Protocol，占 2 个字节，用于指明 Information 字段中的数据是由哪个协议产生的，如果该值是 0x0021，表明这是一个 IP 报文；如果是 0x8021，表明这是一个 ICMP 报文。

信息字段 Information，包含指定协议的内容，最大长度为 1500 个字节，若在建立链路时未指定信息长度，则使用默认值 1500 个字节。

帧校验序列字段 Fcs，占 2 个字节，用于检查 PPP 帧的完整性，通常采用 CRC 校验，可保证无差错接收 PPP 帧。

4. PPP 协议的认证方式

PPP 协议支持的认证方式有两种：PAP 认证与 CHAP 认证。两种认证方式的区别如下。

1）PAP（密码验证协议）认证

PAP 认证方式采用 2 次握手进行协商认证，报文以明文形式在链路上进行传输，且只认证一次，如 ADSL 拨号即采用 PAP 方式认证。在进行 PAP 认证时，当 LACP 链路协商成功后，被认证方发送 Authenticate-Request 报文，报文将以明文形式携带用户名和口令至认证服务器，由认证服务器验证用户名及口令的合法性，若用户名和口令正确，则认证成功，同时发送响应报文 Authenticate-Ack 至认证方；若认证失败，则发送 Authenticate-Nak 报文至认证方。

2）CHAP（挑战式握手验证协议）认证

CHAP 认证方式采用 3 次握手进行协商认证，认证过程中使用 MD5 安全加密方式实现身份认证，多用于企业用户，家庭用户一般不采用此认证方式。

认证过程如下。

（1）当 LACP 链路协商成功后，被认证方向认证服务器发出发送自己的用户名的请求。

（2）认证服务器确认该用户是否为合法用户，如果确认为合法用户，则向被认证方发送一个随机数。

（3）被认证方将接收到的随机数结合自己的口令，使用 MD5 加密方式生成摘要信息，与用户名一起传回认证服务器，在认证服务器中，同样将生成的随机数结合被认证方的口令，使用 MD5 加密方式生成摘要信息，比较被认证方发送过来的摘要信息和认证服务器本身生成的摘要信息，如果双方相同，则表明认证成功。

注：PPP 链路的两端可以支持不同的认证方式，但被认证方必须支持认证方的协议，同时能配置用户名、密码等认证参数。

PPPOE（PPP Over Ethernet）即以太网承载的点到点协议，能够被点到点封装在以太网框架中，当以太网中多台终端接入远端设备时，实现与拨号上网类似的访问控制和认证计费服务，该协议也是广域网中重要的协议，本书中不做赘述。

6.4 VPN 技术

6.4.1 VPN 概述

VPN（Virtual Private Network）即虚拟专用网，是一种构建在 Internet（公网）上通过数据加密、完整性认证、身份认证等多重方式传输数据的安全网络，具备模拟专线的安全性能。

VPN 技术通过技术手段模拟建立在公网上的虚拟专用技术通道（物理上并不存在），能够帮助远程用户、企业分支机构等建立可信的安全连接，便于架构不同区域的企业网络。

VPN 技术具备如下优势。

（1）安全性高。VPN 技术建立了一个安全隧道，利用公网作为机构各专用网之间的通信载体传输私有数据，并利用身份认证和加密技术对传输数据进行加密，因此数据的私密性和安全性得到了有效保障。

（2）专用服务质量高。VPN 技术能够根据用户需要提供不同等级的服务质量。

（3）灵活性强。VPN 技术便于维护与扩展，增加新节点方便，从用户角度和运营商角度来看具备更高的经济价值。

6.4.2 VPN 的分类

VPN 技术按照服务类型可以分为 3 类。

1）Intranet VPN

Intranet VPN（企业内部虚拟专用网）又称内联网 VPN，是企业总部与分支机构之间建立在公网上的 VPN。

2）Extranet VPN

Extranet VPN（企业扩展虚拟专用网）又称外联网 VPN，是不同企业间发生收购、兼并等业务或企业间建立联盟关系后，不同企业网络通过公网构建的 VPN。

通常将 Intranet VPN 和 Extranet VPN 统称为专线 VPN。

3）Access VPN

Access VPN（远程访问虚拟专用网）又称拨号 VPN，是企业员工或分支机构通过公网远程拨号的方式构建的 VPN。典型的 Access VPN 是用户通过 VPN 软件经 ISP 登录到 Internet 上，并在登录地点与公司内网之间建立的一条虚拟加密隧道。

6.4.3 VPN 技术原理

VPN 技术原理如图 6-7 所示，某用户需要通过 VPN 设备远程登录公司内网，用户主机将发送明文信息至 VPN 设备，VPN 设备按照设置规则，确定是否对数据进行加密，若不加密，则让数据直接通过，对需要加密的数据，VPN 设备将对整个数据包进行加密并附上数字签名，同时附加新的 VPN 数据报头信息，如初始化参数、安全参数等。VPN 设备对加密后的数据、认证信息、源 IP 地址、目标 VPN 设备的 IP 地址进行重新封装，封装后的数据包将通过虚拟专用通道在公网上传输。当数据包到达目标 VPN 设备时，数据包将重新解封装，核对数字签名，解密后根据内部 IP 数据报文的目的地址发送给指定主机。

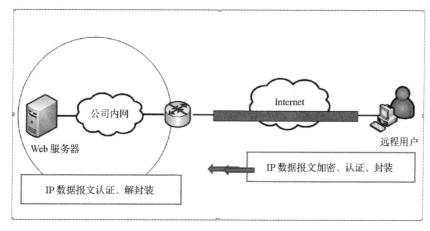

图 6-7 VPN 技术原理

6.4.4 NAT 技术

IP 地址分为公有地址和私有地址，公有地址是由国际组织 NIC（Network Information Center）负责统一管理、分配，能在 Internet 上直接通信使用的 IP 地址；私有地址则是不能在 Internet 上直接通信使用的地址，只能在内网中使用，在 A 类、B 类、C 类地址中均预留了一些地址作为私有地址使用。

NAT（网络地址转换）技术的提出源于两种需求：①从安全私密性角度考虑，机构内部希望避免外部网络用户了解机构内部的网络结构和地址分布；②从 IP 地址资源紧缺角度考虑，满足私网中多主机使用公用合法 IP 地址访问 Internet 的需求。NAT 技术能在内部网络访问外部 Internet 时，使用具备 NAT 功能的设备，如路由器等，负责将机构内部私有 IP 地址转换为合法外部公用 IP 地址进行通信。

在网络中一般将 NAT 技术部署在网络出口设备上，如路由器或防火墙，在数据报文经由这些 NAT 设备时对报文中的 IP 地址进行转换。NAT 流量按照网络流向可以分为以下两种。

- 对于"从内网到外网"（Outbound 方向）传输的数据报文，网络设备通过 NAT 技术将数据包的源地址转换为公网使用的 IP 地址。
- 对于"从外网到内网"（Inbound 方向）传输的数据报文，则对数据包的目的地址进行从公网到私网的转换。

NAT 技术的基本原理就是在传输网络数据报文时改写 IP 报头中的 IP 地址和端口号。NAT 技术原理如图 6-8 所示，当主机 192.168.1.1 要和 Internet 上的 Web 服务器 220.1.2.3 通信时，主机发送数据报文到达路由器后，使用 NAT 技术修改源 IP 地址（从专用地址 192.168.1.1 转换为公网 IP 地址 113.1.2.1），并且记录两个 IP 地址的对应关系，数据报文封装新的 IP 地址后传输到 Internet 上。

同理，当服务器传输数据报文给该主机时，根据目的地址中的公网 IP 地址查找路由器中的 IP 地址的对应关系，先找到对应主机的专用 IP 地址进行封装，再在局域网中使用专用 IP 地址进行转发，即需要将目的 IP 地址 113.1.2.1 转换为内网的 192.168.1.1。

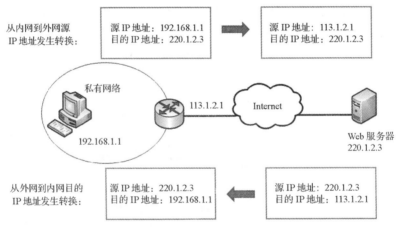

图 6-8　NAT 技术原理

NAT 技术可以分为 3 种类型：静态 NAT、动态 NAT、端口多路复用。

1）静态 NAT

静态 NAT（Static NAT）是指公网地址与私网专用地址能够一一对应进行转换，而且需要指定固定的合法地址。静态 NAT 设置简单、维护方便，一般情况下，内网中存在 FTP 服务器等需要长期对外部用户提供服务的设备，它们的 IP 地址就需使用静态 NAT 进行转换，以便外部用户使用这些服务。

2）动态 NAT

动态 NAT（Dynamic NAT）也是指将公网地址与私网专用地址一一对应转换，但转换时 IP 地址不是固定的，而是从地址池中动态选择出未使用的地址进行转换，在该地址使用完成后，将该地址重新释放到地址池中，这样可以大大减少公网 IP 地址的数量。

3）端口多路复用

静态 NAT 与动态 NAT 均存在需要提供一定数量的合法公用 IP 地址的问题，对于内网主机数量大的网络，需要提供庞大的 IP 地址供内网主机同时与 Internet 上的主机通信，IP 地址就明显不够用了。端口多路复用方式可以利用运输层的端口号结合 IP 地址一起进行转换，由于端口数量庞大，而内部网络的主机均可以通过不同的端口共享一个合法 IP 地址同时和 Internet 上的主机通信，这样就最大限度地节约了 IP 地址，因此网络中使用最多的就是这种 NAT 技术。

技能训练

实训 6-1：使用 eNSP 配置 PPP 协议

1. 实训目的

（1）能根据组网需求快速设置每台路由器的接口地址。
（2）能使用 PAP 和 CHAP 两种认证方式配置 PPP 链路。

2. 实训内容

1）组网需求

PPP 实验如图 6-9 所示，要求如下。

- P1 和 R2 之间使用 PAP 认证。
- R2 和 R3 之间使用 CHAP 认证。
- R2 作为 PAP 和 CHAP 的主认证方。

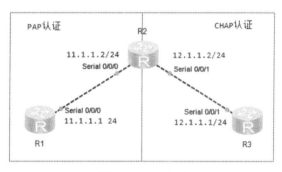

图 6-9　PPP 实验

2）配置要点

本实验路由器采用华为 eNSP 模拟器中的 Router 设备，PPP 协议是点到点协议，因此使用接口 Serial 连接。

3. 实训步骤

1）基础配置

配置路由器 R1 名字及 IP 地址。

```
<Huawei>sys
[Huawei]sysname R1
[R1]int Serial 0/0/0
[R1-Serial 0/0/0]ip address 11.1.1.1 24
```

以上代码配置了 R1-Serial 0/0/0 接口的 IP 地址，使用同样的方法分别配置每台路由器对应接口的 IP 地址即可。

配置路由器 R2 名字及 IP 地址。

```
<Huawei>sys
[Huawei]sysname R2
[R2]int Serial 0/0/0
[R2-Serial 0/0/0]ip address 11.1.1.2 24
[R2-Serialt0/0/0]quit
[R2]int Serial 0/0/1
[R2-Serial 0/0/1]ip address 12.1.1.2 24
```

配置路由器 R3 名字及 IP 地址。

```
<Huawei>sys
[Huawei]sysname R3
[R3]int Serial 0/0/1
[R3-Serial 0/0/1]ip address 12.1.1.1 24
```

2）PAP 认证配置

PAP 认证方 R2 配置，在 R2 上配置 PAP 认证的用户名和密码。

```
[R2]aaa
[R2-aaa]local-user papuser password cipher papuser
[R2-aaa]local-user papuser service-type ppp
[R2-aaa]quit
[R2]int Serial 0/0/0
[R2-Serial 0/0/0] link-protocol ppp
[R2-Serial 0/0/0] ppp authentication-mode pap
[R2-Serialt0/0/0]quit
```

PAP 被认证方 R1 配置，在 Serial 0/0/0 接口上启用 PPP 功能，并指定 PAP 认证的用户名和密码。

```
[R1]int Serial 0/0/0
[R1-Serial 0/0/0] link-protocol ppp
[R1-Serial 0/0/0] ppp pap local-user papuser password cipher papuser
[R1-Serialt0/0/0]quit
```

3）CHAP 认证配置

CHAP 认证方 R2 配置，在 R2 上配置 CHAP 认证的用户名和密码。

```
[R2]aaa
[R2-aaa]local-user chapuser password cipher chapuser
[R2-aaa]local-user papuser service-type ppp
[R2-aaa]quit
[R2]int Serial 0/0/1
[R2-Serial 0/0/1] link-protocol ppp
[R2-Serial 0/0/1] ppp authentication-mode chap
[R2-Serialt0/0/1]quit
```

CHAP 被认证方 R3 配置，在 Serial 0/0/1 接口上启用 PPP 功能，并指定 CHAP 认证的用户名和密码。

```
[R3]int Serial 0/0/1
[R3-Serial 0/0/1] link-protocol ppp
[R3-Serial 0/0/1] ppp chap user chapuser
[R3-Serial 0/0/1] ppp chap password cipher chapuser
[R3-Serialt0/0/1]quit
```

验证 PPP 链路是否设置成功。

查看接口状态。

```
[R2]display interface brief

Serial0/0/0              up      up      0.02%   0.02%     0       0
Serial0/0/1              up      up      0.02%   0.02%     0       0
Serial0/0/2              downdown0%      0%      0%        0       0
Serial0/0/3              downdown0%      0%      0%        0       0
... ...
```

在结果中，当接口显示物理"up"和逻辑"up"状态时，表示 PPP 链路认证协议成功。

实训 6-2：使用 eNSP 配置静态 NAT

1. 实训目的

（1）能根据组网需求在 eNSP 中完成网络拓扑图的绘制。

（2）能正确配置路由器每个接口的 IP 地址。

（3）能熟练配置主机 IP 地址和网关地址。

（4）能使用静态 NAT 方式命令正确配置映射地址。

（5）能测试静态 NAT 是否连通并调试错误。

2. 实训内容

组网需求：静态 NAT 实验如图 6-10 所示，要求配置静态路由，使任意两台主机或路由器之间都能互通。

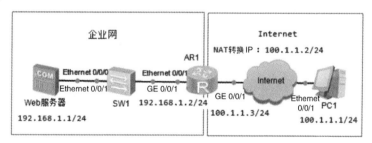

图 6-10　静态 NAT 实验

3. 实训步骤

配置路由器 R1 名字及两个端口的 IP 地址。

```
<Huawei>sys
[Huawei]sysname R1
[R1]int GigabitEthernet 0/0/0
[R1-GigabitEthernet 0/0/0]ip address 192.168.1.2 24
[R1]int GigabitEthernet 0/0/1
[R1-GigabitEthernet 0/0/1]ip address 100.1.1.3 24
```

配置 Web 服务器的 IP 地址及网关，如图 6-11 所示。

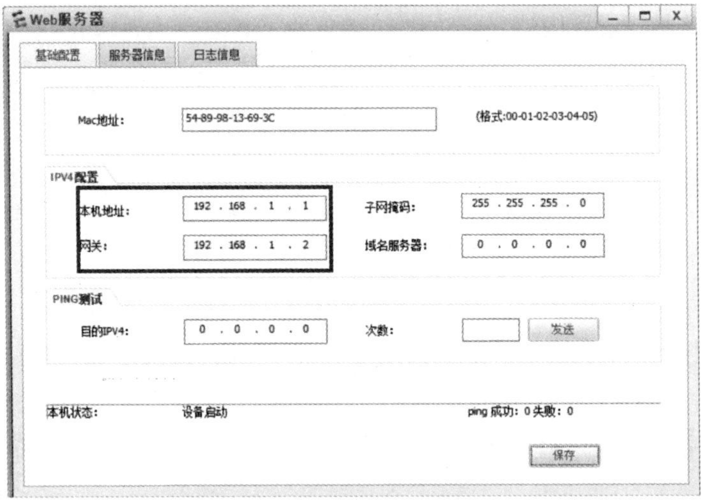

图 6-11　配置 Web 服务器

配置 PC 端的 IP 地址及网关，如图 6-12 所示。

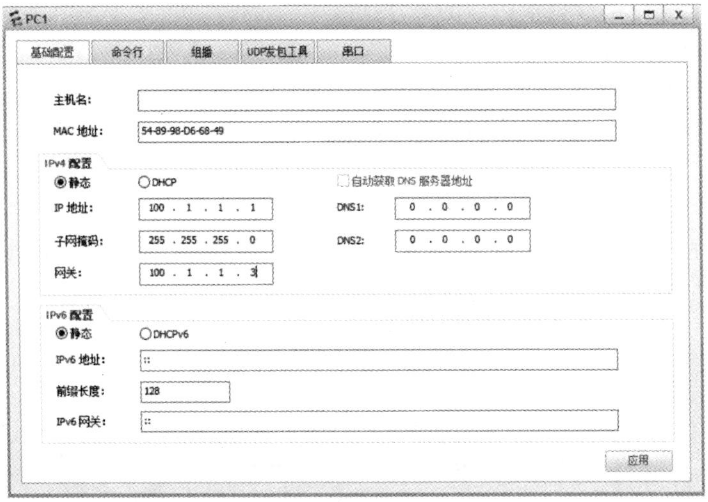

图 6-12　配置 PC 端

配置 R1 的 NAT 地址转换。

```
[R1-GigabitEthernet 0/0/1]nat static global 100.1.1.2 inside 192.168.1.1
[R1-GigabitEthernet 0/0/1]quit
```

验证静态 NAT 是否设置成功。

```
[r1]display nat static
  Static Nat Information:
  Interface : GigabitEthernet0/0/1
    Global IP/Port    : 100.1.1.2/----
    Inside IP/Port    : 192.168.1.1/----
    Protocol : ----
    VPN instance-name : ----
    Acl number        : ----
    Netmask : 255.255.255.255
    Description : ----
```

```
 Total :    1
```

在 PC1 上使用 ping 命令"ping 100.1.1.2"，若能够连通内网 Web 服务器映射的公网 IP 地址 100.1.1.2，则证明远端 PC 能够连接内网服务器。

```
PC>ping 100.1.1.2

Ping 100.1.1.2: 32 data bytes, Press Ctrl_C to break
From 100.1.1.2: bytes=32 seq=1 ttl=254 time=15 ms
From 100.1.1.2: bytes=32 seq=2 ttl=254 time=16 ms
From 100.1.1.2: bytes=32 seq=3 ttl=254 time=15 ms
From 100.1.1.2: bytes=32 seq=4 ttl=254 time=32 ms
From 100.1.1.2: bytes=32 seq=5 ttl=254 time=15 ms

--- 100.1.1.2 ping statistics ---
  5 packet(s) transmitted
  5 packet(s) received
  0.00% packet loss
  round-trip min/avg/max = 15/18/32 ms
```

知识小结

本章的概念较多，首先介绍了广域网的概念、常用协议及特点，以及广域网的常用接入方式，并着重介绍了 PPP 协议，对于 VPN（虚拟专用网）和 NAT 技术也做了简要介绍。通过本章的学习和实训，读者应能够简单理解广域网的发展，并能熟练配置 PPP 协议和使用静态 NAT 技术。

理论练习

1．判断题

（1）广域网的数据链路层协议包括 PPP、HDLC、FR 等。（　　）

（2）CHAP 最大的问题是在连接中以明文形式传输用户名和密码。（　　）

（3）帧中继是一种数据链路层协议。（　　）

（4）PPP（Point-to-Point Protocol，点到点协议）是一种在同步或异步线路上对数据包进行封装的数据链路层协议，早期的家庭拨号上网主要采用 SLIP 协议，而现在更多的是采用 PPP 协议。（　　）

（5）传输速率的单位是 bps，其含义是 Bytes Per Second。（　　）

2．选择题

（1）在 PPP 中，CHAP 使用的加密算法是什么？（　　）

  A．DES   B．MD5

  C．AES   D．不使用加密算法

（2）如果在 PPP 认证的过程中，被认证者发送了错误的用户名和密码给认证者，则认证者将会发送哪种类型的报文给被认证者？（　　　）

    A．Authenticate-Ack   B．Authenticate-Nak

    C．Authenticate-Reject   D．Authenticate-Reply

（3）关于 PPP，以下说法中正确的是（　　　）。

    A．LCP 是 PPP 的一个成员协议

    B．PAP 是 PPP 的一个成员协议

    C．IPCP 是 PPP 的一个成员协议

（4）关于 PPP，以下说法中正确的是（　　　）。

    A．PPP 的工作包含 Link Dead 阶段、Link Establishment 阶段、Authentication 阶段（可选）、Network Layer Protocol 阶段、Link Termination 阶段

    B．在 PPP 的 Link Establishment 阶段，PPP 接口之间是通过交互 NCP 报文来协商 PPP 链路的有关参数的

    C．在 PPP 的 Link Establishment 阶段，PPP 链路上是允许传递 IP 报文的

    D．如果 PPP 链路上需要传递 IP 报文，则必须先经历 IPCP 协商过程

（5）下面关于 PPP 描述正确的是（　　　）。

    A．对物理层而言，PPP 支持异步链路和同步链路

    B．PPP 扩展性不好，不可以部署在以太网链路上

    C．PPP 支持明文和密文认证

    D．PPP 支持多种网络层协议，如 IPCP、IPXCP

    E．PPP 支持将多条物理链路捆绑为逻辑链路以增大带宽

（6）PPP 比 HDLC 更安全可靠，是因为 PPP 支持（　　　）。

    A．PAP   B．MD5

    C．CHAP   D．SSH

（7）PPPOE 会话只能使用 CHAP 认证。（　　　）

    A．TRUE   B．FALSE

（8）PPP 协议定义是 OSI 参考模型中哪个层次的封装格式？（　　　）

    A．网络层   B．表示层

    C．应用层   D．数据链路层

（9）PPP 协议由以下哪些协议组成？（　　　）

    A．LCP   B．NCP

    C．PPPOE   D．认证协议

（10）在 PPP 认证中，什么方式采用明文形式发送用户名和口令？（　　　）

    A．PAP   B．CHAP

    C．EAP   D．HASH

3．简答题

简要总结 PAP 认证与 CHAP 认证的原理及区别。

>>>>>>

第7章

网络管理及网络安全

学习导入

随着我国经济水平的提高和科学技术的迅猛发展，计算机网络成为当前社会发展的重要推动力，人们的生活和工作对计算机网络的依赖程度不断增大。计算机网络给大家带来便利的同时，带来了保证信息安全的巨大挑战。如何维护计算机网络系统，保证计算机网络不间断地提供正常的网络服务？如何保障用户数据及信息安全？这是每位网络管理者要面对的重要问题。

思维导图

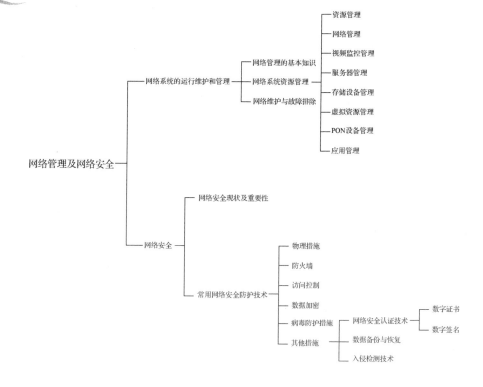

- 了解网络系统管理。
- 了解网络系统管理资源。
- 了解网络安全现状。
- 理解并掌握防火墙功能与部署。
- 会判断一般网络故障原因。

相关知识

7.1 网络系统的运行维护和管理

随着技术的发展，企业的正常运行越来越依赖线上网络的应用，因此 IT 部门需要持续监控和改善网络性能，保持用户始终不受网络性能影响，并快速平稳地交付关键业务解决方案。

然而，事实上网络很容易出现许多严重影响其性能的问题，因此有必要对网络进行主动监控以检测网络性能问题，从而确保关键应用的平稳运行。主动监控的关键是在最终用户发现网络问题之前对其进行诊断和故障排除，主动消除威胁。

7.1.1 网络管理的基本知识

网络管理包括对软硬件和人力的使用、综合与协调，以便对网络资源进行监视、测试、配置、分析、评价和控制，这样就能以合理的价格满足网络的一些需求，如实时运行性能、服务质量等。另外，当网络出现故障时能及时报告和处理，并协调、保持网络系统的高效运行等。

1. 网络管理的概念

网络管理（Network Management）定义：监测、控制和记录电信网络资源的性能和使用情况，使网络有效运行，为用户提供一定质量水平的电信业务。通俗来讲，网络管理是指网络管理员通过网络管理程序对网络上的资源进行集中化管理的操作，包括故障管理、配置管理、性能管理、安全管理和计费管理等。

常见的网络管理技术有 3 种：SNMP 管理技术、RMON 管理技术、基于 Web 的管理技术。

2. 网络管理的功能

国际标准化组织（ISO）网络管理模型定义了网络管理的 5 个功能区域，如下。

1）故障管理

故障管理的目标是检测、记录、通知用户和自动修复（可能程度上）网络问题，保持网络高效运行。故障可能导致停机或不能接受的网络性能下降，因此故障管理也许是实施最广泛的 ISO 网络管理要素。

2）配置管理

配置管理的目标是监控网络和系统配置信息，以便追踪和管理各种硬件和软件的网络操作受到的影响。当网络系统发生故障时，位置信息应向网络管理员提供有意义的详细说明，从而加快故障的解决速度，保证能够提供负责设备的人或部门的联系信息。联系信息应包含相关人员/部门的电话号码和姓名/名称。

3）性能管理

性能管理负责管理系统资源的运行状况及通信效率等系统性能，其主要操作是监视和分析网络及其所提供服务的性能。通过从网络设备收集各种接口统计数据，可以衡量性能级别，对于诊断性能相关问题十分有用。

4）安全管理

安全管理的目标是根据本地指南控制网络资源使用，以便网络不被有意或无意破坏。良好的安全管理实践以全面的安全策略和到位的安全规程为基础，可采取以下机制来保障网络管理本身的安全。

（1）身份认证。

认证是识别用户的过程，包括登录和密码对话、挑战和响应，以及消息支持。允许访问路由器或交换机之前，需要通过认证来识别用户。身份认证与授权之间存在一个基本的关联原则。用户被授予的权限越多，身份认证就应该越严格。

（2）授权。

授权可以为用户请求的每项服务提供远程访问控制，包括一次性认证和授权。网络管理系统的管理员可按任务的不同分成若干用户组，不同的用户组有不同的权限范围，用户的操作由访问控制检查，保证用户不能越权使用网络管理系统。

（3）会计管理。

记账允许收集和发送用于计费、审计和报告的安全信息，如用户身份、开始和停止时间、所执行的命令。

5）计费管理

计费管理（Accounting Management）主要跟踪和控制用户对网络资源的使用，并把有关信息存储在运行日志的数据库中，为收费提供依据。计费管理一般在带有运营性质的系统中使用较多，在企业网中基本不被使用。

7.1.2　网络系统资源管理

为了保障整个通信网络资源的正常运行，提高网络资源的维护管理水平并提升网络资源的利用率，一套高度智能化的、基于地理化、图形化管理方式的通信网络资源管理系统是必需的。以华为产品 eSight 为例，它是一种面向企业的一体化融合运维管理解决方案，可实现交换机、路由器、WLAN、防火墙、视频监控、服务器、存储、微波、PON 设备，以及服务器操作系统和虚拟资源的统一管理，为企业 ICT 设备提供集中化管理、可视化监控、智能化分析等功能，有效帮助企业提高运维效率、降低运维成本、提升资源使用率，有效保障企业 ICT 系统稳定运行，其逻辑架构如图 7-1 所示，外部接口如图 7-2 所示。

图 7-1　eSight 逻辑架构

图 7-2　eSight 外部接口

1. 资源管理

1）资源分组

资源分组是指将获取的资源划分为不同的分组类型（如服务器、网络设备、存储设备等）及不同分组。同时，资源分组将这些分类和分组数据提供给安全授权、告警过滤等机制，进行业务处理。

2）链路管理

链路管理可以直观展示网络设备之间、服务器设备之间、视频设备之间、微波设备之间及 PON 设备之间的链路连接，并支持对链路进行发现、监控和配置。

3）上下电管理

对接入的服务器和存储设备一键式上下电操作，同时支持对大批量设备进行定时上下电操作，节省人力、电力成本，简化运维操作，提高运维效率。

4）IP 地址管理

IP 地址管理可以帮助运维人员实现 IP 地址的统一管理和监控，提升网络安全性及 IP 地址资源的利用率。

IP 地址管理还可以可视化展示网络内 IP 地址的分配使用情况，方便运维人员及时调整 IP 地址资源分配，减少资源的重复分配和浪费，进一步提高 IP 地址资源的利用率。

2. 网络管理

1）网络设备管理

网络设备管理实现对网络资源进行统一管理，使运维人员掌握网络设备的监控信息，掌握设备的运行状态、健康状况，提前发现网络问题，可查看已接入 eSight 的设备和资源（机框、单板、子卡、端口、电子标签、AR 无线接口）信息，可以进行快速搜索、同步、导出、定位到拓扑、删除等操作，能够通过网络设备列表跳转到网元管理器，查看设备详细信息。网络设备列表如图 7-3 所示。

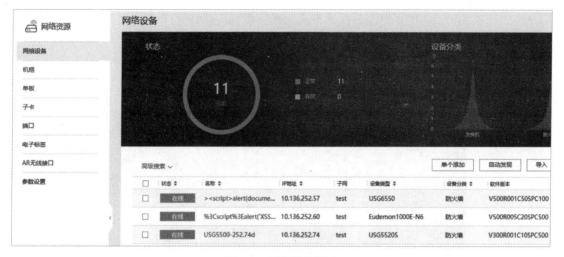

图 7-3　网络设备列表

2）终端资源管理

通过终端资源管理，管理员可以及时掌握终端接入情况，对终端进行统一管理；快速进行故障排查，发现非法接入终端，提高终端资源使用的安全性。非法终端列表如图 7-4 所示。

	终端MAC ⇕	终端IP ⇕	接入设备名称 ⇕	接入端口 ⇕	所属VLAN	最近发现时间
□	F8-98-EF-A4-4B-03	10.136.154.32	SW10	GE1/0/15	1154	2021-04-02 14:58:24
□	34-0A-98-CD-E7-65	10.136.154.65	SW10	GE1/0/4	1154	2021-04-02 14:58:24
□	BC-32-5F-7B-67-5F	10.136.252.137	SW1	GigabitEthernet0/0/7	252	2021-04-02 14:58:24

图 7-4　非法终端列表

3）命令配置工具

在搭建网络环境的过程中，对大量设备的配置操作是必不可少的。命令配置工具可以帮助运维人员灵活地进行网络设备配置，提升配置效率，方便运维人员进行故障定位处理。命令配置工具的功能包括模板下发、规划表下发、配置任务。

4）配置文件管理

设备上配置文件的内容随着设备上各种业务不断的变更或扩展而变化。配置文件管理可以帮助运维人员及时了解网络的配置变更情况，快速恢复配置文件，避免设备遇到故障而导致设备配置丢失，提高业务运行的安全性和可靠性，支持备份配置文件、恢复配置文件、变更配置文件。

5）SLA 管理

SLA 管理监控业务和网络质量，能有效支撑运维人员进行快速故障排查、故障分责。SLA 管理提供网络性能度量与诊断功能，用户通过创建 SLA 任务可周期性监控网络的时延、丢包、抖动情况，并根据 SLA 服务中提供的服务来计算当前网络的符合度情况。SLA 管理具有 SLA 概览、SLA 服务管理、SLA 任务管理、快速诊断、历史数据查询、SLA 业务报表等功能。

6）WLAN 管理

WLAN 属于典型的集群式网络，AP 数量众多，运维成本高、难度大。和有线网络不同，

WLAN 的开放性特点，使其更容易受到干扰源影响和攻击；AP 的布放位置、射频的信道规划和功率配置等因素都直接影响用户体验，对运维人员要求高。

WLAN 管理提供 WAC、AP、射频、VAP、无线用户、WIDS 等无线资源的管理和告警，性能监控能力，基于区域的无线网规能力，无缝对接网规工具及 KPI 监控能力，以及接入的无线用户管理、快速检测能力。WLAN 资源概览如图 7-5 所示。

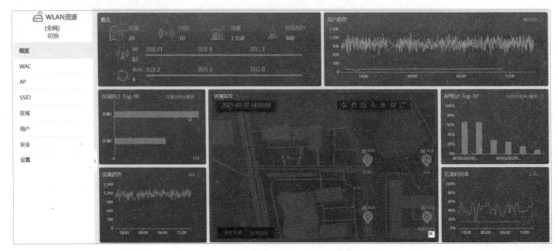

图 7-5　WLAN 资源概览

7）网络流量分析

网络流量分析提供便捷、经济的网络 TOPN 流量趋势分析功能，能帮助用户及时发现网络中的流量使用情况，帮助用户根据流量分布做好网络规划，实现流量可视、故障可查、规划可依的网络透明化管理。

3. 视频监控管理

1）视频设备管理

视频设备管理的主要功能包括接入设备、摄像机分组、设备列表、智能视觉平台地图、摄像机质量地图的管理，以及对设备的告警、性能、拓扑、报表等信息的监控管理。

2）视频智能分析管理

视频智能分析管理的主要功能包括摄像机故障场景化分析和摄像机故障定界定位。传统模式逐个摄像机处理故障耗时较长，摄像机故障场景化分析可实现故障自动归类，运维人员统一排障，易识别共性问题，提升排障效率。

4. 服务器管理

1）服务器设备管理

服务器设备管理支持将机架服务器、刀片服务器（E9000/E9000H）、高密度服务器、Kunlun服务器、泰山服务器、异构计算服务器接入 eSight，对已接入的设备提供告警、拓扑、性能及链路的基本管理功能。服务器设备列表如图 7-6 所示。通过服务器设备管理，运维人员可以及时了解服务器的运行状态，提高管理效率。

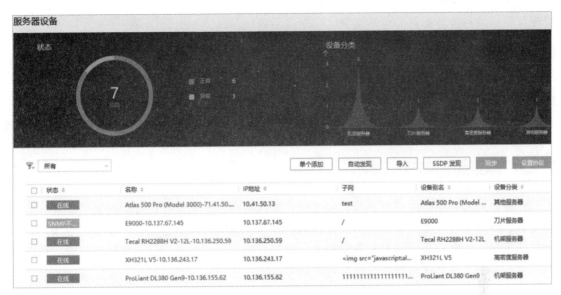

图 7-6　服务器设备列表

服务器设备管理功能包括服务器接入、服务器资源统计、服务器设备列表、服务器信息查看、服务器资源管理、服务器资产管理、服务器监控、服务器管理操作。

2）服务器业务管理

服务器业务管理提供操作系统部署、设备证书管理、固件升级、设备配置及任务管理功能。通过服务器业务管理，运维人员可以对接入 eSight 的服务器设备进行批量升级、部署、配置等操作，简化运维管理，降低运维成本，提升运维效率。服务器业务管理适用以下场景。

- 运维人员为新接入设备或现网设备部署操作系统。
- 为实现产品和设备之间的可信通信，运维人员对设备的证书进行统一管理。
- 运维人员根据需求将现网设备的固件升级到指定版本。
- 运维人员通过配置文件对设备进行统一的配置管理，实现配置的灵活变更。

5. 存储设备管理

存储设备管理帮助用户搭建简单易用的运维环境，显著提升管理员在存储领域的运维效率，提高存储资源利用效率，其主要功能包括接入设备、资源概览、设备列表、设备详情、设备证书管理，以及对设备的告警、性能、拓扑、报表、全局搜索等信息的监控管理。

6. 虚拟资源管理

虚拟资源管理支持对虚拟资源及其子资源的状态、告警和性能数据进行监控，快速定位故障原因，降低运维成本，将单个虚拟资源的相关信息和维护操作入口集中在一个管理页面中，便于用户针对单个网元的监控和维护。

7. PON 设备管理

PON 设备管理提供资源管理、业务规划功能，可查看 PON 设备相关资源和状态信息，并对 PON 设备进行管理；对已接入的 PON 设备提供告警、拓扑、性能等基本管理功能，并通过大屏幕对 PON 设备进行可视化监控；同时支持在 OLT/ORH 部署的情况下，对 PON 网络终端设备（包含 MxU、ONT、ORE）进行业务规划。PON 终端设备上电后，即可按照预置的零配置策略进行业务配置的自动发放，实现设备开局。

8．应用管理

应用管理支持将 Web 服务器、应用服务器（如 Tomcat）、数据库及操作系统（如 Linux、Windows Server）多类型应用接入 eSight。eSight 对已接入的应用资源远程管理，提供告警、性能等管理能力，实现对应用资源的可视化管理，帮助企业解决各种应用的监控与管理难题。

7.1.3　网络维护与故障排除

计算机网络系统是通过有线或无线通信介质将两台以上的计算机互联起来的集合，是一种庞大的网络信息资源的统称。信息在传输的过程中需要经过多台设备、多条通信线路去访问网络资源，因此信息传输面临各种问题，做好网络系统维护及快速发现网络故障，在终端用户受到影响之前解决问题是网络故障管理的目标。

1．网络故障产生原因

造成网络运行故障的原因很多，如 DNS 服务器无法工作、级联路由协议配置不匹配、IP 地址配置错误等。常见的网络故障如下。

1）物理故障

物理故障是指网络连接设备硬件故障，包括连接设备的物理接口（网卡接口、交换机接口）或连接线路发生故障。接口本身物理损坏或网络跳线接触不良等都会造成网络故障，导致连接失败。

2）逻辑故障

逻辑故障是指网络设备的配置错误而导致的网络异常或故障，通常包括路由器接口参数设定错误、CPU 利用率过高、内存余量太小造成的路由器逻辑故障和部分网络进程、接口受系统或病毒影响而意外关闭而导致的网络故障。

3）人为故障

人为故障是指人为操作失误（防静电措施不利、无接地措施）造成硬件损坏而引起的故障及在项目实施和管理中人为配置失误造成的故障。

2．网络故障排查方法

当一个网络故障出现后，需要采用多种办法才能确定故障源从而解决问题。

在故障不明的情况下，应先诊断硬件故障，后诊断软件故障；在突发网络故障时，建议首先查看本机网络硬件是否工作正常。

1）常用排障步骤

网络故障一般表现为某个应用无法访问。基本思路是首先排除应用本身的问题，然后定位网络故障点。一般排障步骤如下。

（1）用 telnet 命令确认目标应用端口是否有监听。

（2）用 telnet 命令在目标地址本机和目标地址同一个子网内其他机器上测试目标地址端口，看看端口是否能 telnet 通。如果 telnet 不通，则证明是应用的问题；如果 telnet 通，则应用应该没有问题，可能是源地址到目标地址之间有防火墙，且防火墙没有配置相应 IP 地址和端口的访问策略，也有可能是路由不可达。

（3）用 ping 命令确认源地址到目的地址之间是否可达。若 ping 通，则证明路由可达，中间如果有防火墙，防火墙开通了 ping 的访问规则，应用如果还不能访问，大部分原因是防火墙没有开通对应的端口策略；若 ping 不通，则证明路由不可达或防火墙未开通 ping 的访问规则。

（4）在 ping 不通的条件下，用 tracert 命令定位故障点。用 tracert 命令看看到哪台路由器或防火墙的路由断了。

2）常用排障工具

在故障排查过程中，有效地选择故障诊断工具，能够起到事半功倍的作用。故障诊断工具主要包括硬件工具（网络测试仪、寻线仪）、软件工具（协议分析软件、网络监视器）和网络测试命令（telnet、ping、tracert 等）。

3）网络连通性故障

（1）故障表现。

网络连通性故障通常表现为计算机无法访问 Internet。

（2）排除方法。

① 使用 ipconfig 命令查看本机网络信息配置是否正确，本地网络信息如图 7-7 所示。

```
无线局域网适配器 WLAN:

   连接特定的 DNS 后缀 . . . . . . . :
   本地链接 IPv6 地址 . . . . . . . : fe80::ad93:bf60:168f:31af%9
   IPv4 地址 . . . . . . . . . . . . : 192.168.3.10
   子网掩码 . . . . . . . . . . . . : 255.255.255.0
   默认网关 . . . . . . . . . . . . : 192.168.3.1
```

图 7-7　本地网络信息

注意：测试环境使用无线接入，所显示信息根据操作系统版本、接入设备、接入方式不同应有所区别。如果使用无线接入方式，无线连接显示已接入，但此时没有 IP 地址，则可能是无线 AP 连接数超过上限，导致无法正常获取 IP 地址而出现无法访问 Internet 的情况。

② 测试到网关地址是否连通，结果如图 7-8 所示。

```
C:\Users\Administrator>ping 192.168.3.1

正在 Ping 192.168.3.1 具有 32 字节的数据:
来自 192.168.3.1 的回复: 字节=32 时间=1ms TTL=64
来自 192.168.3.1 的回复: 字节=32 时间<1ms TTL=64
来自 192.168.3.1 的回复: 字节=32 时间<1ms TTL=64
来自 192.168.3.1 的回复: 字节=32 时间=1ms TTL=64

192.168.3.1 的 Ping 统计信息:
    数据包: 已发送 = 4, 已接收 = 4, 丢失 = 0 (0% 丢失),
往返行程的估计时间(以毫秒为单位):
    最短 = 0ms, 最长 = 1ms, 平均 = 0ms
```

图 7-8　与网关的连通性测试结果

测试结果显示本机向网关 192.168.3.1 发送了 4 个数据包，均收到应答，则表明与网关设备是连通的，本机发生网络故障（可以排除）；若返回连接超时，则表明与网关设备不连通，此时可检查本地 IP 地址配置是否正确（着重关注 IP 地址是否冲突、网段是否在规划内），如果不清楚相关配置，可以设置为自动获取 IP 地址，再重复测试。

③ 确定故障节点。

使用 tracert 命令进行测试，根据返回的应答确定故障范围，判断是外网接入故障（外网光纤断裂），还是内网故障（安全设备规则限制、内网其他节点设备故障等）。

提示：如果发现与外网是连通的，QQ 能正常登入，此时可尝试修改本地主机的 DNS 服务器地址，如修改为 8.8.8.8 等，再进行测试。如果仍然不能访问，不排除主机感染了病毒的可能。

7.2 网络安全

计算机网络安全是指计算机及其网络资源不受自然和人为有害因素的威胁和危害，即计算机、网络系统的软硬件及其系统中的数据受到保护，不因偶然或恶意的原因而受到破坏、更改和泄露，确保系统能连续可靠又正常地运行，使网络提供的服务不中断。网络安全从其本质上来讲就是网络上的信息安全。广义来说，凡是涉及网络上信息的完整性、机密性、可用性、可控性和不可否认性的相关技术和理论都是网络安全的研究领域，网络安全包括 5 个基本要素：完整性、机密性、可用性、可控性和不可否认性。

完整性是指通过一定的机制，确保信息在存储和传输时不被恶意用户篡改、破坏，不会出现信息的丢失、乱序；机密性是指通过信息加密、身份识别等方式确保网络信息的内容不被未授权的第三方获知；可用性是指防止非法用户进入系统使用资源及防治合法用户对系统资源的非法使用；可控性是指控制授权范围内的信息流向及行为方式；不可否认性是指用户在对系统进行某种操作后，留下日志记录，无法加以否认。

7.2.1 网络安全现状及重要性

国家互联网信息办公室发布的第 49 次《中国互联网络发展状况统计报告》显示，截至 2021 年 12 月，在互联网基础资源方面，我国 IPv4 地址数量为 39249 万个，IPv6 地址数量为 63052 块/32，较 2020 年 12 月增长 9.4%。域名总数为 3593 万个，其中，".CN"域名数量为 2041 万个，占我国域名总数的 56.8%。总体网民规模达 10.32 亿人，较 2020 年 12 月增长 4296 万人，互联网普及率达 73.0%，较 2020 年 12 月提升 2.6%。截至 2021 年 12 月，62.0%的网民表示过去半年在上网过程中未遭遇过网络安全问题，与 2020 年 12 月基本保持一致。此外，遭遇个人信息泄露的网民比例最高，为 22.1%；遭遇网络诈骗的网民比例为 16.6%；遭遇设备中病毒或木马的网民比例为 9.1%；遭遇账号或密码被盗的网民比例为 6.6%。

截至 2021 年 12 月，在网络诈骗的各种类型中，虚拟中奖信息诈骗仍是网民最常遭遇的网络诈骗类型，占比 40.7%；网络购物诈骗占比 35.3%；网络兼职诈骗占比 28.6%；冒充好友诈骗占比 25.0%；钓鱼网站诈骗占比 23.8%；利用虚假招工信息诈骗占比 19.8%。除网络购物诈骗外，网民遭遇其他网络诈骗的比例与 2020 年 12 月相比，均有所下降。

无论是在新冠肺炎疫情防控相关工作领域，还是在远程办公、教育、医疗及智能化生产等生产生活领域，大量新型互联网产品和服务应运而生，在助力新冠肺炎疫情防控的同时进一步推进社会数字化转型。与此同时，安全漏洞、数据泄露、网络诈骗、勒索病毒等网络安全威胁日益凸显，有组织、有目的的网络攻击形势愈加明显，为网络安全防护工作带来更多挑战。

7.2.2 常用网络安全防护技术

如今，网络的开放性和共享性给人们的生活和工作提供了很大的便利，但是也使得计算机网络很容易遭受攻击。随着信息技术的高速发展，信息安全技术越来越受到重视。

网络安全威胁及应对策略如表 7-1 所示。在实际生产环境中，单一的安全防护技术并不足以构筑一个安全的网络安全体系，多种技术的综合应用才能够将安全风险控制在尽量小的范围内，因此我们应合理部署传统防火墙、入侵防御系统、防毒墙、上网行为管理器、桌面杀毒软件，融合各种安全技术，防患于未然。

表 7-1　网络安全威胁及应对策略

安全威胁种类	采取措施
物理安全：自然灾害、硬件损伤、电源故障、被偷盗	设备冗余、线路冗余、数据备份、异地服务器双备份
链路安全：传输线路上被窃取数据，尤其是无线网络	加密技术
网络互联安全：来自 Internet、系统内用户、系统外用户的安全威胁	防火墙、物理隔离、入侵检测、用户认证
系统安全：操作系统和协议的漏洞、配置错误	漏洞扫描、防火墙、入侵检测、病毒防护、系统更新
应用安全：应用软件、数据库漏洞，资源共享漏洞，E-mail 等引发的病毒传输	防火墙、物理隔离、入侵检测、病毒扫描、用户认证、数据加密、内容过滤、数据备份
管理安全：管理员权限错误、口令泄密、错误操作、资源乱用、内部泄密	管理体系、管理制度、管理技术措施

1．物理措施

物理安全是指保护计算机网络设备、设施，以及其他媒体免遭地震、水灾、火灾等环境事故（如电磁污染等）及人为操作失误或错误和各种计算机犯罪行为导致的破坏。物理安全是整个计算机信息系统安全的前提。物理安全主要包括 3 个方面：场地安全、设备安全和介质安全。

2．防火墙

防火墙是一种进行网络间（内部网络与外部网络）访问控制的有效方法，可以提供安全策略来防止非法用户访问内部网络上的资源和非法向外传递内部信息。防火墙逻辑位置如图 7-9 所示。

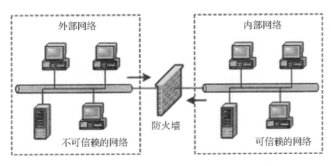

图 7-9　防火墙逻辑位置

1）防火墙分类

①从组成结构分类，防火墙可分为 3 类：软件防火墙、硬件防火墙和芯片级防火墙。

软件防火墙单独使用软件系统来完成防火墙功能，将防火墙软件部署在系统主机上，运行时会占用主机系统资源，在一定程度上影响系统性能。软件防火墙多用于单机系统或个人计算机，Windows 系统自带防火墙软件。如果计算机是整个网络的网关，则需要安装服务器版的防火墙软件。

随着网络技术发展，应用场景增加，为了保护内部网络而不影响数据传输效率，出现了在专用服务器上嵌入防火墙功能的硬件防火墙。这种防火墙都是基于个人计算机架构的，依然会受到操作系统本身的安全性影响。

芯片级防火墙基于专门的硬件平台，没有操作系统。专有的 ASIC 芯片促使它们比其他种类的防火墙速度更快，处理能力更强，性能更高。制作芯片级防火墙最出名的厂商莫过于 NetScreen，其他的品牌还有 FortiNet。这类防火墙本身的漏洞比较少，不过价格相对比较高昂，因此一般只有在需求较高时才考虑。

②根据工作在 TCP/IP 协议中的不同层次，防火墙可分为 2 类：网络层防火墙和应用层防火墙。

网络层防火墙可视为一种 IP 封包过滤器，运作在底层的 TCP/IP 协议堆栈上。我们可以以枚举的方式，只允许符合特定规则的封包通过，其余的一概禁止穿越防火墙（病毒除外，防火墙不能防止病毒侵入）。通常能利用封包的多样属性进行过滤，如源 IP 地址、源端口号、目的 IP 地址或目的端口号、服务类型（WWW 或 FTP）。

应用层防火墙是在 TCP/IP 协议堆栈的"应用层"上运作的，用户使用浏览器时产生的数据流或使用 FTP 时产生的数据流都属于这一层。应用层防火墙可以拦截进出某应用程序的所有封包，并且封锁其他的封包（通常直接将封包丢弃）。理论上，这一类的防火墙可以完全阻绝外部的数据流进入受保护的机器中。

2）防火墙技术

（1）数据包过滤。

数据包过滤（Packet Filter）技术是最早出现的防火墙技术，虽然防火墙技术发展到现在提出了很多新的理念，但是数据包过滤仍然是防火墙为系统提供安全保障的主要技术，它可以阻挡攻击，禁止外部/内部访问某些站点及限制单个 IP 地址的流量和连接数。系统按照一定的信息过滤规则，对进出内部网络的信息进行限制，允许授权信息通过，拒绝非授权信息通过。

数据包过滤技术用在内部主机和外部主机之间，过滤系统是一台路由器或一台主机，根据过滤规则来决定是否让数据包通过。用于过滤数据包的路由器被称为数据包过滤路由器。数据包过滤路由器的物理位置如图 7-10 所示。

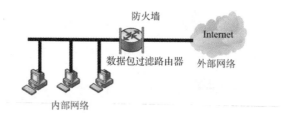

图 7-10　数据包过滤路由器的物理位置

数据包过滤技术在管理良好的小规模网络上能够正常地发挥作用，但在一般情况下，网络管理员并不单独使用数据包过滤技术，而将该技术和其他技术联合使用。

（2）应用层代理。

应用层代理（Proxy）技术针对每一个特定应用，在应用层实现网络数据流保护功能。应用层代理使得网络管理员能够实现比数据包过滤更严格的安全策略。应用层代理不用依靠数据包过滤工具来管理 Internet 服务在防火墙系统中的进出，而采用为每种服务定制特殊代码（代理服务）的方式来管理 Internet 服务。应用层代理技术能够提供应用层的高安全性，但缺点是性能差、伸缩性差、只支持有限的应用。

（3）电路级网关。

电路级网关（Circuit Gateway）也称为电路层网关，其工作在 OSI 参考模型的会话层，在内、外网络主机之间建立一个虚拟电路进行通信，相当于在防火墙上打开一个通道进行传输。

（4）状态监测技术。

无论是数据包过滤，还是代理服务（应用层代理和电路级网关），都是根据管理员预定义好的规则来提供服务或限制某些访问数据。然而在提供网络访问能力和保证网络安全方面，显然存在矛盾，只要允许访问某些网络服务，就有可能造成某种系统漏洞；而如果限制得太严厉，合法的网络访问就会受到不必要的限制。

3）防火墙的缺陷

防火墙内部网络可以在很大程度上免受攻击。但是，不是所有的网络安全问题都可以通过简单地配置防火墙来解决。虽然当不同单位将其网络互联时，防火墙是网络安全重要的一环，但并非安装防火墙的网络就没有任何危险，有许多危险是在防火墙能力范围之外的。

- 无法禁止变节者内部威胁。
- 无法防范防火墙以外的其他攻击。
- 不能防止传输已感染病毒的软件或文件。
- 无法防范数据驱动型的攻击。
- 可以阻断攻击，但不能消灭攻击源。
- 不能抵抗最新的未设置防护策略的攻击漏洞。
- 防火墙的并发连接数限制容易导致拥塞或溢出。

同时，防火墙本身会出现问题和受到攻击，从而出现软/硬件方面的故障。

3. 访问控制

访问控制是指主体依据某些控制策略或权限对客体本身或其资源进行的不同授权访问。访问控制的目的是控制主体对客体资源的访问权限，包括以下 3 个要素。

主体：提出请求或要求的实体，是动作的发起者，如某个用户、进程、服务和设备等。

客体：接受其他实体访问的被动实体，如信息、资源和对象等。

控制策略：主体对客体的访问规则集，简单地说，就是客体对主体的权限允许。

对一个系统进行访问控制的常用方法：对没有合法用户名及口令的任何人的企图进入进行限制。例如，如果用户的用户名和口令是正确的，则系统允许该用户对系统进行访问；如果不正确，则不能进行访问。有些系统只要求用户输入口令，有些系统则要求同时输入用户名（或登录号）和口令。

有 3 种主要方法可以实现访问控制。

- 基于登录验证的方法，要求用户输入一些保密信息，如前面提到的用户名和口令，也可以采用一些物理识别设备，如访问卡、钥匙或令牌。
- 基于操作权限的方法，限制不同的用户对系统和文件具有不同的操作等级。
- 基于物理设备的方法，做好通信介质、主机设备、联网设备的控制和保护。

另外，还可以用生物统计学系统，基于某种特殊的物理特征对用户进行唯一性识别。

4. 数据加密

数据加密是指对网络中传输的数据进行加密，到达目的地后再解密还原为原始数据，目的是防止非法用户截获后盗用信息。数据加密技术的要点是加密算法，加密算法可以分为对称加密算法、非对称加密算法和散列算法 3 类。数据加密可以通过各种应用软件实现，较为有名的软件为 PGP，可实现对文件和磁盘的加密与解密、数字签名等功能。

5. 病毒防护措施

计算机病毒在《中华人民共和国计算机信息系统安全保护条例》中被明确定义为"编制或在计算机程序中插入的破坏计算机功能或破坏数据，影响计算机使用并且能够自我复制的一组计算机指令或程序代码"。

在企业中需要培养集体防范计算机病毒意识，部署统一的防毒策略，高效、及时地应对病毒的入侵。

- 建立有效的计算机病毒防护体系。
- 加强计算机应急反应团队建设。
- 培养用户信息安全意识。

6. 其他措施

其他措施包括信息过滤、容错、数据镜像、数据备份和安全审计等。近几年来，围绕网络信息安全的问题提出了很多的解决办法，如入侵检测技术、网络安全认证技术、安全审计技术、系统漏洞检测技术等。

1）网络安全认证技术

认证指的是证实被认证对象是否属实和是否有效的一个过程，其基本思想是通过验证被认证对象的属性（口令、数字签名或指纹、声音等），来达到确认被认证对象是否真实有效的目的。认证方式一般可以分为身份认证和消息认证两种，而认证技术一般采用数字证书和数字签名。

（1）数字证书。

数字证书由权威公正的第三方机构（CA 中心）签发，以数字证书为核心的加密技术可以对网络上传输的信息进行加密和解密、数字签名和签名认证，确保网上传输信息的机密性、完整性，以及交易实体身份的真实性、签名信息的不可否认性，从而保障网络应用的安全性。

数字证书可用于发送安全电子邮件、访问安全站点、购买网上证券、网上招标采购、网上签约、网上办公、网上缴费、网上税务等网上安全电子事务处理和安全电子交易活动。以数字证书为核心的身份认证、数字签名、数字信封等数字加密技术是目前通用可行的安全问题解决方案。

（2）数字签名。

数字签名提供了一种身份鉴别方法，可以解决伪造、抵赖、冒充和篡改等问题。数字签名一般采用非对称加密技术，通过对整个明文进行某种变换，得到一个值作为核实签名。

接收者使用发送者提供的公开密钥对签名进行解密运算，若能正确解密，则签名有效，证明对方的身份是真实的。在实际应用中，一般对发送的数据包中的一个 IP 包进行一次签名认证，以提高网络的运行效率。当然签名也可以采用多种方式，如将签名附在明文之后。数字签名普遍用于银行、电子贸易中。

数字签名不同于手写签名，数字签名随文本的变化而变化，而手写签名反映的某个人的个性特征是不变的。手写签名与数字签名的另一个区别是一个数字签名的备份是与原来的签名作用相同的，而手写签名的纸质文件的备份通常与原来的签名文件作用不同。这个特点意味着必须防止数字签名被再次使用。例如，在数字签名中包含一些时间信息等，可以防止数字签名的再次使用。这一技术带来了以下 3 个方面的安全性。

- 信息的完整性，验证信息在传输过程中是否遭到篡改。
- 信源确认，接收方能确认该信息是否由发送方发出。
- 不可抵赖性，由于只有发送方有私钥，因此发送方无法否认曾经发送过该信息。

2）数据备份与恢复

由于计算机固有的脆弱性，数据很容易在病毒、误操作、自然灾害等的侵扰下遭到破坏，从而影响系统使用，并造成巨大的经济损失，而允许恢复数据或系统的时间可能只有短短几天，甚至是几小时（分钟）。

数据失效可分为两种情况：一种是失效后的数据彻底无法使用，这种失效称为物理损坏（Physical Damage）；另一种是失效的数据仍可以部分使用，但从整体上看，数据之间的关系是错误的，这种失效称为逻辑损坏（Logical Damage）。

要防止数据失效的发生，有多种途径，如加强建筑物安全措施、提高员工操作水平、购买品质优良的设备等。但根本的方法是建立完善的数据备份制度。

备份按照用途可以分为热备份和数据备份两种。

（1）热备份。

热备份是计算机容错技术的一个概念，是实现计算机系统高可用性的主要方式。热备份用冗余的硬件来保证系统的连续运行。当主计算机系统的某一部分（如硬盘等）发生故障时，系统会自动切换到备份的硬件设备上，以保持系统的连续运行，从而实现计算机系统的高可用性。典型的热备份技术包括磁盘阵列、双机热备份等。

（2）数据备份。

数据备份主要用于防止数据丢失、系统灾难和历史数据保存/查询等。数据备份将计算机系统硬盘中的数据，通过适当的方式保存到其他磁盘等存储介质上，并脱机保存在另一个安全的场所，从而为硬盘中的数据保留一个后援，以期在硬盘数据遭到破坏或需要用到已经从硬盘中删除的数据时，对数据进行恢复，甚至可以保持历史记录。

3）入侵检测技术

入侵检测技术可以帮助系统对付网络攻击，扩展系统管理员的安全管理能力（包括安全审计、监视、进攻识别和响应），提高信息安全基础结构的完整性。入侵检测技术从计算机网络系统中的若干个关键点上收集信息，并分析这些信息，看看网络中是否有违反安全策略的行为和遭到攻击的迹象。入侵检测技术可分为以下 4 种。

- 基于应用的监控技术，主要使用监控传感器在应用层收集信息。
- 基于主机的监控技术，主要使用主机传感器监控本系统的信息。
- 基于目标的监控技术，主要针对专有系统属性、文件属性、敏感数据等进行监控。
- 基于网络的监控技术，主要利用网络监控传感器监控收集的信息。

入侵检测系统（Intrusion Detection System，IDS）是入侵检测技术的实际应用，主要通过以下几种活动来完成任务：监视、分析用户及系统活动；对系统配置和弱点进行审计；识别与已知的攻击模式匹配的活动；对异常活动模式进行统计分析；评估重要系统和数据文件的完整性；对操作系统进行审计跟踪管理并识别用户违反安全策略的行为；加入无线局域网的检测和对破坏系统行为做出反应的特性。

入侵检测技术作为一种积极主动的安全防护技术，提供了对内部攻击、外部攻击和误操作的实时保护，在网络系统受到危害之前拦截和响应入侵。从网络安全立体纵深、多层次防御的角度出发，入侵检测技术理应受到人们的高度重视，这从国外入侵检测产品市场的蓬勃发展上就可以看出。在国内，随着上网的关键部门、关键业务越来越多，迫切需要具有自主版权的入侵检测产品。

技能训练

实训 7-1：连接华为防火墙 USG6000V

微课：防火墙的配置

1．实训目的

（1）了解网络安全的重要性。
（2）掌握网络安全防护技术。
（3）学习使用华为防火墙。

2．实训环境

个人计算机（宿主机）中需要安装虚拟机软件 VirtualBox（版本号为 5.4.42）和华为模拟器 eNSP（版本号为 1.3.00.100），并下载好华为防火墙 USG6000V 软件包文件。

3．实训内容及步骤

（1）启动 eNSP 并搭建实验设备拓扑结构，如图 7-11 所示。

图 7-11　实验设备拓扑结构

（2）在 eNSP 中选择防火墙后，在设备列表中选择 USG6000V 防火墙，如图 7-12 所示，随后在"其他设备"中选择如图 7-13 所示的 Cloud 设备。

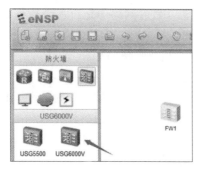

图 7-12　USG6000V 防火墙设备

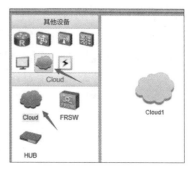

图 7-13　Cloud 设备

提示：Cloud 设备主要用于与外部设备连接，如虚拟机、个人计算机等，其连接方式为网卡桥接；第一次启动 FW1 设备时需要装载设备对应的文件，即 USG6000V。

（3）双击或右击设备"Cloud1"，打开"配置"界面，直接单击"增加"按钮，如图 7-14 所示。

提示：此步骤是为了与虚拟机或个人计算机进行连接，由于数据通信是双向的，因此还需要绑定一张用于通信的网卡，如果需要与虚拟机通信，则选择对应编号的虚拟网卡，也可以建立环回网卡用于测试。本例中选择已经连接上的无线网卡进行数据通信。

（4）在"绑定信息"下拉列表中进行如图 7-15 所示的选择，单击"增加"按钮，并在"端口映射设置"中进行如图 7-16 所示的设置。

图 7-14　Cloud 设置

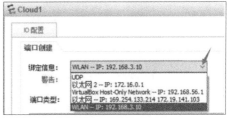

图 7-15　Cloud 绑定网卡

图 7-16　Cloud 设置完成

提示：此时绑定的无线网卡 WLAN 的 IP 地址为 192.168.3.10，是真实无线网络中自动获取的 IP 地址，而 USG6000V 的默认管理地址为 192.168.0.1（大多数设备出厂时，管理端口默认设置为 192.168.0.1 或 192.168.1.1），因此需要修改 USG6000V 的管理端口 IP 地址或本机 WLAN 的 IP 地址，此时选择修改 USG6000V 的管理端口 IP 地址。

（5）设备连接如图 7-11 所示，此时双击进入 FW1 配置界面，如图 7-17 所示，输入用户名"admin"和密码"Admin@123"，此时提示需要修改密码，选择"Y"，重新设定密码。

```
Username:admin
Password:
The password needs to be changed. Change now? [Y/N]:
```

图 7-17　进入 FW1 配置界面

（6）输入"system-view"或"sys"进入设备系统视图模式，修改管理端口 IP 地址为 192.168.3.100，网络掩码为 255.255.255.0，如图 7-18 所示。

```
[USG6000V1]interface GigabitEthernet 0/0/0
[USG6000V1-GigabitEthernet0/0/0]ip add 192.168.3.100 24
[USG6000V1-GigabitEthernet0/0/0]undo sh
```

图 7-18　管理端口 IP 地址设置

提示：个人计算机与防火墙管理端口的 IP 地址要在相同网段，IP 地址可修改。

（7）此时可以在个人计算机上打开"命令提示符"工具，进行个人计算机与防火墙的网络连通性测试，结果如图 7-19 所示，发现网络连接超时。

```
C:\Users\Administrator>ping 192.168.3.100

正在 Ping 192.168.3.100 具有 32 字节的数据:
请求超时。
请求超时。
请求超时。
请求超时。

192.168.3.100 的 Ping 统计信息:
    数据包: 已发送 = 4，已接收 = 0，丢失 = 4 (100% 丢失)
```

图 7-19　个人计算机与防火墙连通性测试结果

（8）在防火墙的端口配置模式下，配置所有服务均允许访问，如图 7-20 所示。

```
[USG6000V1-GigabitEthernet0/0/0]service-manage all permit
```

图 7-20　所有服务均允许访问

（9）再次测试个人计算机与防火墙的网络连通性，结果如图 7-21 所示。

```
C:\Users\Administrator>ping 192.168.3.100

正在 Ping 192.168.3.100 具有 32 字节的数据:
来自 192.168.3.100 的回复: 字节=32 时间=20ms TTL=255
来自 192.168.3.100 的回复: 字节=32 时间<1ms TTL=255
来自 192.168.3.100 的回复: 字节=32 时间=9ms TTL=255
来自 192.168.3.100 的回复: 字节=32 时间=1ms TTL=255

192.168.3.100 的 Ping 统计信息:
    数据包: 已发送 = 4，已接收 = 4，丢失 = 0 (0% 丢失)，
往返行程的估计时间(以毫秒为单位):
    最短 = 0ms，最长 = 20ms，平均 = 7ms
```

图 7-21　个人计算机与防火墙连通性测试结果（配置允许规则后）

（10）此时，防火墙 USG6000V 还无法进行图形化配置，需要在系统视图界面开启 Web 管理功能，命令如下。

```
[USG6000V1] web-manager enable
```

（11）打开个人计算机浏览器，在地址栏输入"https://192.168.3.100:8443"，出现如图 7-22 所示的警告。忽略警告，单击"高级"按钮后，在如图 7-23 所示的"高级"界面中单击"继续访问 192.168.3.100(不安全)链接"。

图 7-22　警告　　　　　　　　　　图 7-23　"高级"界面

（12）进入防火墙 USG6000V 的 Web 登录界面，如图 7-24 所示。

图 7-24　Web 登录界面

（13）输入第（5）步中的用户名及修改后的密码，成功登录，防火墙设备界面如图 7-25 所示。后续的图形化管理可参考 USG6000V 的配置手册。

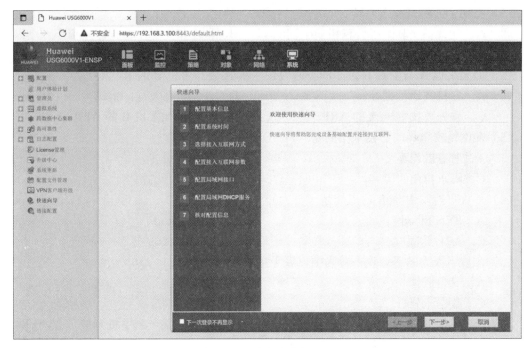

图 7-25　防火墙设备界面

知识小结

网络管理与网络安全实际上是两个不同岗位的职责，网络管理始终管理的是连接，关心的是网络连接从哪里开始，经过多少路由，转发的时延是多少；而网络安全注重传输内容，判断是否为攻击流量、攻击类型是什么及如何进行处理。总之，网络管理更倾向全局管理，而网络安全更倾向内容分析。

在移动互联技术飞速发展的今天，网络应用数量激增，传统 DDoS 攻击没有被遏制，新的网络攻击形式又不断出现，有些属于网络安全范围的恶意攻击，有些属于网络管理范围的应用流量攻击，难以统一进行防御，如何提升网络管理水平与网络安全性能值得深思。

理论练习

1. 填空题

（1）从内容上看，网络安全包括_____、_____、_____和_____4 个方面。

（2）网络安全防范的 5 个层次为_____、_____、_____、_____和_____。

（3）黑客攻击的步骤是_____、_____、_____、_____、_____、_____和_____。

（4）防火墙的功能是_____。

2. 选择题

（1）不属于信息系统人为威胁的是（　　）。

    A．配置系统时不小心输错一个词　　　　　　B．程序员无意中在程序里留下一个漏洞

    C．黑客恶意攻击　　　　　　　　　　　　　　D．管理人员允许自己的好友进入机房

（2）如果主机 A 与主机 B 位于同一网段，主机 A 要与主机 B 通信，则（　　）。

    A．直接发送数据帧　　　　　　　　　　　　B．首先需要发送广播帧

    C．首先查找主机 A 的 ARP 表　　　　　　　D．首先查找主机 B 的 ARP 表

（3）在网络安全界，白帽子指的是（　　）。

    A．善意的黑客　　　　　　　　　　　　　　B．恶意的黑客

    C．渴求自由的黑客　　　　　　　　　　　　D．戴白帽子的黑客

（4）不大可能发生 DoS 攻击的是（　　）。

    A．SYN Flood　　　　　　　　　　　　　　B．UDP Flood

    C．ARP 欺骗　　　　　　　　　　　　　　　D．TCP RST 攻击

（5）在以下人为的恶意攻击行为中，属于主动攻击的是（　　）。

    A．身份假冒　　　　　　　　　　　　　　　B．数据 GG

    C．数据流分析　　　　　　　　　　　　　　D．非法访问

（6）小李在使用 Super Scan 对目标网络进行扫描时发现，某一台主机开放了 25 号和 110 号端口，此主机最有可能是什么？（　　）

    A．文件服务器　　　　　　　　　　　　　　B．邮件服务器

    C．Web 服务器　　　　　　　　　　　　　　D．DNS 服务器

（7）你想发现到达目标网络需要经过哪些路由器，你应该使用什么命令？（　　）

    A．ping　　　　　　　B．nslookup　　　　　　C．tracert　　　　　　　　D．ipconfig

3. 简答题

（1）什么是信息安全、网络安全？

（2）如何防范 DoS/DDoS 攻击？

（3）如何防范无线路由器密码被破解？

反侵权盗版声明

电子工业出版社依法对本作品享有专有出版权。任何未经权利人书面许可，复制、销售或通过信息网络传播本作品的行为；歪曲、篡改、剽窃本作品的行为，均违反《中华人民共和国著作权法》，其行为人应承担相应的民事责任和行政责任，构成犯罪的，将被依法追究刑事责任。

为了维护市场秩序，保护权利人的合法权益，我社将依法查处和打击侵权盗版的单位和个人。欢迎社会各界人士积极举报侵权盗版行为，本社将奖励举报有功人员，并保证举报人的信息不被泄露。

举报电话：（010）88254396；（010）88258888

传　　真：（010）88254397

E-mail：　dbqq@phei.com.cn

通信地址：北京市万寿路 173 信箱

　　　　　电子工业出版社总编办公室

邮　　编：100036